绝缘子Gypsy
在转基因植物表达中的作用

姜维嘉◎著

四川大学出版社
SICHUAN UNIVERSITY PRESS

图书在版编目（CIP）数据

绝缘子 Gypsy 在转基因植物表达中的作用 / 姜维嘉著. — 成都 : 四川大学出版社， 2022.9

ISBN 978-7-5690-5660-0

Ⅰ. ①绝… Ⅱ. ①姜… Ⅲ. ①绝缘子—应用—转基因植物—研究 Ⅳ. ① Q789

中国版本图书馆 CIP 数据核字 (2022) 第 176286 号

书　　名：绝缘子 *Gypsy* 在转基因植物表达中的作用
Jueyuanzi *Gypsy* zai Zhuanjiyin Zhiwu Biaoda zhong de Zuoyong

著　　者：姜维嘉

选题策划：胡晓燕　周　艳
责任编辑：胡晓燕
责任校对：周　艳
装帧设计：墨创文化
责任印制：王　炜

出版发行：四川大学出版社有限责任公司
地址：成都市一环路南一段 24 号（610065）
电话：（028）85408311（发行部）、85400276（总编室）
电子邮箱：scupress@vip.163.com
网址：https://press.scu.edu.cn
印前制作：四川胜翔数码印务设计有限公司
印刷装订：成都市新都华兴印务有限公司

成品尺寸：148mm×210mm
印　　张：2.75
字　　数：74 千字

版　　次：2022 年 10 月 第 1 版
印　　次：2022 年 10 月 第 1 次印刷
定　　价：36.00 元

本社图书如有印装质量问题，请联系发行部调换

四川大学出版社
微信公众号

前 言

全球人口激增导致了一些国家尤其是发展中国家的饥饿和贫困问题。国家城市化发展和土地退化导致了作物种植面积减少，饥饿人口数量增加。气候和各种生物因素（如细菌、真菌、病毒、昆虫和食草动物等）影响着世界各地作物生产的质量和数量。为应对复杂且多变的外界环境，植物需要通过改变自身的多种生理途径及多个基因来做出响应。转基因植物是利用基因工程技术，通过插入外源基因或敲除不良基因，实现对植物基因组的改变。转基因方法优于传统育种方法，现代基因组编辑工具可以改变内源植物的DNA，包括在目标位点上添加、删除和替换不同长度的DNA，如添加、删除、修改基因或微调感兴趣的基因，减少不感兴趣的基因。自20世纪80年代转基因技术问世，发展至今，已经有上百种植物转基因获得成功。外源基因转化技术已经发展到非常成熟的阶段，转基因技术不再只停留在简单地将外源基因转化入植物体内，而是精准化和系统化地把外源基因转入植物体内，直到得到稳定表达的后代。同时研究转基因植物对周围环境的影响，试图提高转基因技术的稳定性、高效性、安全性和可预测性。

近年来，各种顺式作用元件被发现可以用作分子开关来调控一些植物基因的表达。这些元件不仅能调节植物的功能多样性，而且能调节植物各个发育阶段的生理机能。因此，研究顺式作用元件对植物基因的表达调控是有实际意义的。顺式作用元件是指与基因串联的，可以影响基因表达的特定 DNA 序列，它们调控基因表达是通过与转录因子的结合来实现的。顺式作用元件自身不是任何蛋白质的编码序列，而是作为反式作用因子可以结合的位点来调控基因的表达。绝缘子是顺式作用元件中的一种，是存在于染色体上的一种特定的基因调控元件，可以保证启动子和增强子之间适当的信息交流，避免不适当的调控信息的传递。绝缘子又被称作染色体边界元件或者隔离子，能够保护基因在转录时不受非活性染色质结构和无关增强子等调控元件的影响，并且参与染色质结构域的形成和保持。*Gypsy* 是一个典型的绝缘子，它来自果蝇基因组，最早的作用类似转座子，主要的功能是阻断增强子。

本书包括两章：第 1 章介绍了绝缘子相关植物转基因技术，第 2 章介绍了绝缘子 *Gypsy* 在转基因植物表达中的作用研究。

著　者

2022 年 8 月

目　录

第1章　绝缘子相关植物转基因技术

1.1　植物转基因技术

1.1.1　转基因植物

1984年，转基因技术问世，发展至今，已成功应用于上百种植物。转基因技术除了涉及将外源基因转入植物体内以得到稳定表达的后代，还涉及转基因植物对周围环境的影响，以提高稳定性、高效性、安全性和可预测性[1]。影响植物表达的因素主要有外源基因的拷贝数、外源基因插入的位点、基因沉默等[2-4]。对于外源基因的拷贝数与基因表达量的关系，学术界并没有一个明确的结论。有研究人员在对柑橘进行转基因研究时发现，无论*GUS*报告基因和目的基因的拷贝数是多少，它们的表达活性都是相似的[5]。Tang等在研究转基因油菜时发现，影响脂肪酸含量的编码乙酰载体蛋白硫酯酶的基因拷贝数与脂肪酸含量是正相关的[6]。Hobbs等在对转基因烟草的研究中发现，单拷贝的*GUS*基因在烟草中的表达量明显高于多拷贝的*GUS*基因的表达量[7]。但是更多的报道显示，基因多拷贝容易形成重复序列，重复序列之间的配对容易使整合位点周围异染色质化，从空间上阻碍转录因子和DNA序列的结合，抑制转录[8]。外源T-DNA整合在宿主染色体上的方式主要是异常重组[9]。外源基因整合入染色体是存在位置效应的，插入常染色质区、异染色质区、调控因子区、GC含量转换区等所产生的外源基因表达量是不同的[10]。一般来说，T-DNA插入常染色质区，外源基因更容易表达，如果插入异染色质区，外源基因更倾向沉默[11]。有报道显示，外源基因的整合是有倾向性的，比如T-DNA更容易插入富含A-T碱基对的区域。在基因水平上分析T-DNA插入位点，插入基因间区的频率低于基因区，外显子区低于内含子区[12]。在染色体水平上分析T-DNA插入位点，T-DNA更容易插入转录区[11]。T-DNA会优先插入转录活跃区，一方面是因为宿主常染色质区的构象是非常开放的，更容易产生切割，核小体易解开，从而实现整合[13]；另一方面，从基因表达的角度分析，T-DNA插入染色体转录活跃区对外源基因的表达是有利的，后期在表型的筛选中也更有优势[14]。这些原因的得出是基于T-DNA带有选择性标记基因，选择性标记基因的表达也体现了外源基因更倾向于整合在有利于基因表达的区域，因此，外源基因的整合并不一定需要一个开放的染色质结构。基因沉默是影响外源基因表达水平的一个重要因素。导致基因沉默的因素很多，通常有甲基化、多拷贝、位置效应和同源序列。转录后水平基因沉默的主要原因是外源基因和内源基因的共抑制[1]。

拟南芥是许多生物学研究的首选模式植物，属被子植物门，双子叶植物纲，十字花科。研究人员通过研究这种简单被子植物的分子遗传学，在植物生长和发育方面取得了重大进展。拟南芥基因组约有12500万bp对、5对染色体，估计包含20000个基因[15]。拟南芥的优点为植株小，每代时间短，从发芽到开花不超过6周，每棵植物可产很多粒种子，生活力强，用普通培养基就可进行人工培养。拟南芥的这些特点有利于回答研究者关注的问题，能够代表生物界的某一大类群。拟南荠对人体和环境无害，容易获得并易于在实验室内饲养和繁殖；世代短，子代多，遗传背景清楚；容易进行实验操作，特别是进行遗传操作和表型分析[16]。

拟南芥是冬性一年生植物，自然条件下种子在秋天发芽，幼年期度过冬天，花分生组织在春季分化，种子在夏季成熟脱落。大多数实验室栽植的拟南芥品种在发芽后 4 周开花，4～6周后可采集种子。不同生态型拟南芥的发育进程、开花成熟时间等均有差别，除了取决于遗传性，也受外界环境的影响。通常情况下，拟南芥的最适生长温度在 25℃左右，稍低的温度也是允许的。当水分供应充足时，拟南荞甚至能在 34℃时生长，但会减少受精。生长周期较长的拟南芥能忍受高温，但保持 25℃对整个生长周期更有利。当种子形成时，温室温度宜设为 23℃，夜温可比日温低 2℃～4℃[17]。

1.1.2　农杆菌介导转化

建立稳定高效的植物遗传转化体系是获得转基因植株的前提，Zambryski 等以根癌农杆菌 Ti 质粒为转化载体，将 T-DNA 上的基因转入烟草细胞，成功获得了第一株转基因烟草（*Nicotiana tabacum* L.），此后植物遗传转化技术迅速发展。植物遗传转化的方法主要包括农杆菌转化法、基因枪法、花粉管通道法、细胞融合剂介导法（PEG 介导法）、电转化法等。与其他方法相比，农杆菌介导的 T-DNA 转化法具有转化效率高、转入基因表达稳定、容易形成单拷贝插入、转入基因表达量高等优势。T-DNA 自身带有两个顺向重复的边界序列（大小约有 24 bp）。T-DNA 被重复的边界序列引导从 5′端向 3′端合成，并以 DNA

被替换的方式产生单链的 T-DNA，随后 T-DNA 的 5′端与 VirD2 蛋白共价连接，整条单链包裹着 VirE2 蛋白进行转移和整合[1]。T-DNA 以单链 DNA 连接蛋白质的复合体形式转移到植物宿主细胞后，易产生高频率的 T-DNA 单链转化子，随后 T-DNA单链很快合成互补链，从而形成双链。植物宿主细胞的染色体 DNA 整合位点与 T-DNA 两端仅有很短的同源片段（大小约有 6 bp），整合以后 T-DNA 的左右末端与 T-DNA 本身的两个边界序列并不相同，而且两端的差异非常大，这是因为 VirD2 蛋白对 T-DNA 的 5′端的保护相对很保守，而 3′端 T-DNA 区域的某些片段由于同植物靶位点的序列配对位点不同，使 T-DNA 左边界序列出现不同程度的缺失[18-20]。农杆菌介导法中，T-DNA 的整合效率远高于直接导入法，这主要是由于 VirD2 蛋白结合在 T-DNA 的 5′端，既有助于对靶位点同源序列的识别，又能防止限制性核酸内切酶的降解，有时还可引起切割、介导 T-DNA 与植物靶序列的连接[21-22]。

农杆菌易于操控，广泛应用于植物转基因技术。这可以通过共整合或二元载体方法来实现。共整合方法是将外源基因整合到宿主农杆菌 Ti 质粒中。二元载体方法是先将外源基因与合适的标记基因一起整合进含有左右边界序列的单独穿梭载体中，然后转化入含有 Ti 质粒的农杆菌。这类菌株不携带致癌基因（植物激素生物合成基因），但具有毒性基因，被称为病毒辅助菌株。毒性基因产物可以用于识别转化中的边界序列。共整合方法虽然烦琐，但具有拷贝数低的优点。二元载体较小且易于操作，目前已经开发出许多二元载体，在 T-DNA 区域内具有多个克隆位点，适用于各种类型的植物，以及含有植物组织特异性启动子和选择性标记基因和报告基因。针对农杆菌介导转化有抗逆作用的植物，可以进行多种物理和化学处理，包括 pH、温度、光照、细胞浓度和共培养时间、外植体类型和质量、预培养和激素处理，以诱导吸收 DNA[23]。

1.2　植物转基因载体

载体的构建是转基因技术的基础，也是提高转基因效率的关键。最早，植物中过量表达单个基因，只能获得单一的性状改变。随着转基因技术的发展，科学家们开始在植物中转入两个及两个以上基因，期待得到更多样、更稳定的性状改变。因此，选择更有利于外源基因整合表达和稳定遗传的载体非常重要。

外源基因导入植物的细胞核或叶绿体基因组是通过有携带作用的 DNA 实现的，这种 DNA 称为载体。为了实现转基因的目的，需要将目的基因克隆到合适的载体上，然后通过直接或间接的转化方法将携带目的基因的载体转入植物中。利用农杆菌介导的间接遗传转化方法广泛应用于包括单子叶、双子叶植物的植物品种。用于植物转化的传统载体有一定的缺点，如尺寸大、拷贝数低、宿主增殖受限制、可选择的标记数量少、启动子使用受限和难以克隆等。为了植物基因工程的进一步发展，需要开发出小型、易于操作、易于使用的新一代载体。新一代载体大多由传统载体衍生而来，如 pBIN 和 pCAMBIA 系列。转基因实现后，需要对外源基因的表达进行全面的遗传分析，包括基因过表达、下调（反义/RNAi）、启动子、亚细胞定位和基因互补等分析。这些全面的遗传分析依赖于高效的克隆方法和新一代载体。现代克隆方法基于新一代载体系统建立，有助于降低克隆难度和提高克隆效率。表达载体的主要目的是实现蛋白高表达，通常由强启动子驱动。为提高外源基因的表达量，降低转基因构建的复杂性，需要建立新一代、稳定的瞬时表达载体系统。

一些载体体积越大，克隆效率会越低，整合到宿主基因组的能力也会越弱。此外，一些传统载体在多个克隆位点中含有很少的限制性核酸内切酶位点，克隆能力下降。较小尺寸的载体也可以用于将大量的DNA转化到植株中。载体的一些新变化使其有了更有利的特性，如克隆位点的广泛选择、大肠杆菌中更高的拷贝数、菌株相容性的增强、大量的植物选择标记，以及植物转化潜力的增强。载体在大肠杆菌中更高的拷贝数和更容易复制的能力有利于转基因应用。载体DNA的大小会影响体外重组潜力。许多载体是为特定目的而设计的，例如，组织特异性（空间）、应激/化学诱导（时间）、异位表达、敲除、瞬时表达和稳定表达。一些基于病毒的表达载体被设计用来在植物系统中以一种短暂的方式快速产生有价值的蛋白质。一些载体被设计用来进行基因叠加和基因聚合。基因叠加和基因聚合是植物代谢工程中的重要方法。基因叠加是指代谢途径中多个基因过表达，以增强或改变代谢通量，从而改善代谢结果。基因聚合主要通过杂交具有独立转基因的植株和再次转化基因到转基因植株中来实现。基因叠加和基因聚合都可以通过新一代载体来实现[23]。

将多个基因转入植株的方法有很多，比如杂交两种单转基因植株、先后转化不同的基因、不同载体的共同转化、连锁基因的共同转化（基因在相同的T-DNA载体上）、基因在同一载体不同T-DNA上的共同转化、多顺反子/蛋白设计等[24]。其中，连锁基因的共同转化被认为是最有效和最成熟的方法[25]。目前，常用的外源基因转入植株的方法是农杆菌介导的T-DNA转化法。构建一个稳定、高效的载体，是实现连锁基因共同转化的关键。在单个载体携带多个基因的开放阅读框，外源基因含有各自的启动子、增强子、翻译起始序列、终止信号及其他调控序列，各基因能独立表达各自的产物。然而，当基因的数量增加时，每个基因的表达并不趋于平衡。随着转入基因数量的增加，这种现象更加明显，并最终影响整个代谢途径的效率，每个外源基因的作用并没有充分发挥出来，失去了转化多个基因的意义[26]。有些目的基因在宿主细胞中的表达量越高，越可能获得更好的转基因性状；然而有些基因，当表达量达到一定程度后反而会影响植物的生长发育。有必要精确控制每个外源基因的表达，或许可通过改造转基因载体来实现。

1.3　绝缘子

1.3.1　概念

在真核细胞分化、发育、增殖、衰老和凋亡等重要的生理、病理过程中，都需要以极其精密和有序的调控方式来保证各种基因在时间和空间上的正确表达。真核生物基因组由一个个基因或一簇簇基因结构域构成。结构域有不同的划分方法，如 DNase Ⅰ敏感区和 DNase Ⅰ抗性区、转录活跃区和转录不活跃区、组蛋白修饰区和非组蛋白修饰区。在观察到染色体实际上是由很多环状的区域构成后，人们提出假说：由于空间上的环状分布，在一个环状结构里有其特定基因和其相应的调控元件，另一个环状结构里也有，但两个环状结构间相互隔绝。在这个假说中，环与环之间有一段序列可以阻止环间不适当的跨环调控，如跨环激活基因或抑制基因。这种假说正逐步得到证实。真核基因的表达受到多种调控元件的调控，这些调控元件的功能虽各不相同，但在真核基因的时空调控方面都有着举足轻重的作用。

染色体上存在着一种特定的基因调控元件，它可以保证增强子和启动子之间适当的信息交流，避免不适当的调控信息的传递，这种基因调控元件称作染色体边界元件或者绝缘子、隔离子。其能够保护基因在转录时免受无关增强子等调控元件和非活性染色质结构的影响，并且参与染色质结构域的形成和保持。绝缘子就是一段 DNA 序列或元件，这个元件可以保护目的基因，屏蔽周围环境中不正确的调控信号。

1.3.2 绝缘子的分类

在真核生物中，绝缘子能通过结合转录因子招募重组复合体，从而发挥绝缘作用。这类 DNA 序列或元件可以保护基因的转录区域不受沉默子或增强子的影响。根据作用方式，可将绝缘子分为两类：一类是增强子阻遏绝缘子，即绝缘子只要位于增强子和启动子之间，就可以抑制增强子对启动子的作用，但不会影响增强子或启动子和其他调控元件的相互作用。目前已发现的绝缘子大多为这一类绝缘子，如在果蝇中发现的 *scs*、*scs′*、*gypsy*、fa^{sub}、*eve* 启动子等。另一类是屏障绝缘子。如果在转基因过程中，与异染色质毗邻的区域内不存在这类绝缘子，在某些细胞中，异染色质就会发生传递，影响目的基因的表达，使该基因沉默；而在另外一些区域，因为有这类绝缘子的存在，则不会发生异染色质传递，基因正常表达。这种随机现象就是由这类绝缘子的位置效应引起的基因表达差异。屏障绝缘子可以防止邻近的异染色质的传递，抗基因沉默，使转入的基因能在所在的细胞里都表达。到现在发现的起屏障作用的绝缘子，主要存在于酵母中，如 *HMR* $tRNA^{Thr}$、USA_{rpg} 等。此外，有一些绝缘子同时具有这两类作用方式，如在脊椎动物中发现的 *HS4* 绝缘子[27]。

1.3.3 绝缘子的功能

绝缘子通常位于基因组的非编码区，是参与调控基因转录的边界 DNA 元件，大小一般为 0.5～3.0 kb，具有位置依赖性和方向不依赖性。绝缘子可以通过结合转录因子及其共作用因子(co-factors)、基质蛋白或染色质修饰蛋白等，形成蛋白复合物，在时间和空间上特异性调控基因的转录。

增强子阻遏绝缘子和屏障绝缘子的功能分别是：①增强子阻遏绝缘子保护基因不被增强子激活，当其位于增强子和启动子中间时，能阻止增强子增强基因转录的活性，干扰增强子-启动子的相互作用，从而反向调控基因的表达。②包装折叠致密的染色质为异染色质，位于该区域内的基因几乎不转录，而屏障绝缘子位于异染色质结构区域的边界，能够阻碍异染色质结构的蔓延，防止异染色质的扩散，从而防止异染色质介导的基因沉默，保证受其保护的基因组区域内的基因能够正常表达[28]。

1.3.4　绝缘子的作用机制

绝缘子的增强子阻断功能在远程调控基因表达中发挥着重要作用，可用竞争模型（decoy model）、阻碍模型（barrier model）和成环模型（looping model）等来阐述其作用机制。

竞争模型认为，绝缘子通过与增强子结合，使得增强子无法与启动子相互作用，即绝缘子和启动子相互竞争与增强子的结合，从而抑制目的基因的转录活性。阻碍模型认为，增强子是通过各种转录因子等蛋白复合物将增强转录的信号顺序传递到启动子的，但绝缘子可以阻断这些蛋白复合物与启动子的联系，导致增强转录的信号终止，从而抑制基因的表达。在成环模型中，绝缘子的存在可以帮助染色质发生弯曲形成环形结构，2 个绝缘子或者绝缘子与其他调控元件之间可以产生 1 个“环”。每个环代表 1 个独立结构的功能区域，只有位于同 1 个环内的增强子和启动子才可以相互作用，而分别位于环内和环外的增强子和启动子之间的作用会被绝缘子阻断，从而下调基因的表达。

绝缘子的异染色质屏障功能是通过影响组蛋白氨基末端的翻译后修饰来实现的。例如，组蛋白H3第9位赖氨酸的三甲基化（H3K9me3）和H3K27me3等修饰都是致密染色质结构的标志，与基因转录的抑制相关；而组蛋白H3和H4的乙酰化、H3K4me3等修饰都是染色质结构松散的标志，相关的染色质区域利于基因的转录。绝缘子及其结合蛋白通过募集乙酰转移酶或H3K4甲基转移酶来改变基因组不同区域内的染色质组蛋白的修饰状态，即组蛋白密码（histone code），从而阻止异染色质区域的扩散，并维持所保护区域内的染色质处在利于基因表达的“开放”状态[29]。

1.3.5 绝缘子在转基因植物中的应用

植物生物技术是改善农艺性状、制造有价值的蛋白质以用于商业和阐明基因功能的重要工具。在植物的遗传转化过程中，它常常导致植物出现转基因错误表达、沉默和植物间的变异。这些转基因表达的不一致性是植物生物技术的一个主要缺点，会导致大量的转化植株与所需的表达模式不一致。

在植物转化实验中，这种转基因表达不可预测性的一个诱发因素是转基因结构本身发生的干扰。在过去，大多数植物生物技术研究都是针对单个性状的改进，现在主要为同时改变多个性状，这需要几个转录单位来实现。通常是使用一个强的、组成型的启动子和合适的增强子来指导一个可选择的标记基因的表达，结合组织、器官或发育阶段特异性的启动子来驱动目的基因在精确的时间或空间模式下表达。但增强子（通常包含在启动子中）具有独立于位置和方向的能力，能够触发增强子-启动子的干扰，从而影响转基因表达的强度和特异性。

转基因表达不可预测性的另一个诱发因素是表观遗传染色体位置效应。这可能是由于外源基因整合到基因组内的不同位置。由于转基因插入的随机性，在大多数高等真核生物中，外源基因可能整合到基因组中转录抑制的区域（异染色质），从而导致转基因沉默。由于植物的大部分基因组可以在任何时候以异染色质的形式存在，外源基因在这些区域内或附近整合并因此沉默表达的可能性相对较大。此外，转基因可能与内源性调控元件结合，如转录增强子或沉默子，可能导致错误表达。这些类型的位置效应往往导致转基因株系显示出报告基因表达的双峰模式。这样的双峰模式可以通过大量个体高水平或低水平的两极化表达来体现，只有少数接近于平均水平。真核生物基因组中存在各种天然机制来排除不适当的增强子介导的临近启动子激活和染色体位置效应，然而人工转基因结构缺乏这种功能，因此需要补充手段来减少这种干扰。在动物中，用来减少转基因结构本身和表观遗传染色体位置效应这两种干扰的主要策略是设计带有遗传绝缘子的结构。这些带有遗传绝缘子的结构可以天然地存在于多种真核生物的基因组中，保护基因不受外界信号的干扰，从而防止不适当的激活或沉默的表达。

越来越多的报道揭示了转基因在植物中表达的不可预测性，研究减轻转基因干扰的策略是未来植物生物技术的一个重要方向。这些策略的成功应用有可能提高表型稳定的转基因株系的比例，对开发安全有效的转基因植物至关重要。因此，鉴定在植物中发挥作用的遗传绝缘子并将其纳入转基因结构，对提高转基因技术具有重要意义[23]。

植物中，绝缘子的应用主要有以下两方面：

（1）利用增强子阻遏绝缘子，减少转基因植物中的增强子-启动子的干扰。

增强子介导的靶启动子激活是真核生物转录调控的重要机

制。这种机制不依赖于增强子的方向，可以在非常大的距离间发生，甚至可以跨染色体产生。尽管关于增强子促进转录的分子机制仍有许多问题尚未解决，但有证据表明，在植物的转基因环境中，增强子以正确的时空模式自主启动转录，并利用至少两种不同的作用模式来发挥其激活功能。短程激活被认为发生在相对接近（<1 kb）的增强子和启动子之间，这两个调控元件直接相互作用，而不需要任何促进机制。相反，长程激活涉及增强子和靶启动子介导的精准转录起始。这种长程转录激活类似于动物中常见增强子成环作用机制。转基因构建中存在多个增强子和启动子和/或基因组内内源增强子元件附近的转基因插入，会导致转基因的错误表达。在诱导增强子-启动子的干扰方面，最明显的增强子可能是包含在强的、组成型花椰菜花叶病毒（CaMV）35S 启动子内的增强子。尽管 35S 增强子在引发不适当的增强子-启动子的干扰方面作用特别明显，但这种现象在这类调控元件中十分常见。

目前，已经有几种方法来防止转基因结构中的这种相互作用，包括使用只包含弱增强子和/或对增强子介导的干扰不那么敏感的启动子，以及在增强子和启动子之间插入一个 DNA 间隔片段。然而，研究人员发现这些方法的效果是不稳定的，其有效性会因结构不同而存在明显差异。增强子-启动子之间不适当的相互作用也可以通过使用增强子阻遏绝缘子来最小化。绝缘子的使用在动物中已经获得相对丰富的经验，在植物中的应用还处于开始阶段。笔者认为，绝缘子在植物中的应用能促进减少组合载体中增强子-启动子的干扰的新方法的开发。

（2）利用屏障绝缘子减少植物染色体位置效应的影响。

由于不同的核小体排列、非组蛋白的相互作用以及组蛋白的修饰和变异，基因组区域可以在高度活跃（常染色质）和转录沉默（异染色质）之间转变。常染色质通常被称为开放构象，拥有不规则间隔的核小体，这些核小体在 H3K4 和 H3K79 高度乙酰化和甲基化。异染色质结构比常染色质更密集，这是由于核小体的位置短，存在有规律的间隔，并经常表现出高水平的 CpG 甲基化。异染色质的典型组蛋白修饰包括广泛的 H3K27 和 H3K9 甲基化、缺乏乙酰化，以及异染色质蛋白 1（HP1）的存在。此外，与常染色质不同的是，异染色质能够通过 H3K9 甲基化的延伸进行扩散，这将导致 HP1 介导的组蛋白甲基转移酶活性的进一步激活。

真核细胞中，常染色质和异染色质在细胞核中的特定位置被认为与染色质激活和抑制的特定环境有关。这些基因组激活或抑制区域的存在通常被认为是植物转基因技术的障碍，因为如果整合发生在异染色质区域内或附近，就会发生染色质介导的转基因沉默。从很大程度上来说，转基因插入植物中的位置是一个随机事件，这些位点依赖的染色体位置效应可以引发单个目的基因在转基因表达水平上的显著差异。当在特定组织中定量检测转基因表达量时，目的基因的低表达并不一定明显，可能只有在比较细胞水平的表达时才能检测到目的基因的低表达。

在转基因植物中，减小染色体位置效应影响的一个方法是在目的基因的两侧放置能阻止异染色质扩散的元件，使目的基因无论插入宿主基因组中任何位置都能适当表达。屏障绝缘子就是这样一种元件，它通过染色质的排列进入基因功能域，从而保护一个区域内的基因免受另一个区域的调节作用，以此在基因组的结构和组织中发挥作用[30]。

第2章 绝缘子*Gypsy*在转基因植物表达中的作用研究

2.1 绝缘子*Gypsy*和所绝缘基因*PP2A-C5*、*AVP1*的研究进展

2.1.1 绝缘子*Gypsy*

顺式作用元件是指与基因串联的，可以影响基因表达的特定DNA序列。目前，经常接触到的顺式作用元件除了启动子、增强子，还有绝缘子、沉默子、调控序列和可诱导元件等，它们调控基因表达是通过与转录因子的结合来实现的。顺式作用元件自身不是任何蛋白质的编码序列，其作用是作为反式作用因子可以结合的位点，从而调控基因的表达。绝缘子是顺式作用元件中的一种，是存在于染色体上的一种特定的基因调控元件，可以保证启动子和增强子之间适当的信息交流，避免不适当的调控信息的传递[31]。绝缘子又被称作染色体边界元件或者隔离子，能够保护基因在转录时不受非活性染色质结构和无关增强子等调控元件的影响[28,31]，并且参与染色质结构域的形成和保持[32]。绝缘子作为边界DNA序列参与基因表达的调控。对绝缘子而言，与转

录因子的结合是必须的，如此才能特异性调控基因的表达。

Gypsy 是一个典型的绝缘子，其来自果蝇基因组，最早的作用是转座子，主要的功能是阻断增强子[27]。*Gypsy* 的作用机理主要是和 CP190、Mod（mdg4）和 Su（Hw）三种蛋白组成复合物，从而行使绝缘子的功能。CP190 和 Su（Hw）主要与 DNA 结合，而 Mod（mdg4）参与蛋白质之间的相互作用。*Gypsy* 上特异的 DNA 序列先与转录因子 Su（Hw）结合，之后再与 CP190 和 Mod（mdg4）等转录因子结合，多个结合位点的复合物相互作用，导致染色质弯曲成环。Mod（mdg4）通过与蛋白 dTopors（topoisomerase I-interacting RS protein）的结合，将该染色质附着在细胞核附近[33]。有研究人员在果蝇二倍体细胞中发现，Su（Hw）集中的区域有 CCCTC 结合因子的富集，但 Su（Hw）和 dCTCF 结合于 DNA 不同的位点，转录因子 CP190 是它们共同的作用蛋白，这说明 Su（Hw）和 dCTCF 在调控 *Gypsy* 的绝缘子功能方面是共同作用的[34]。

2.1.2　*PP2A-C5*

PP2A 所编码的蛋白磷酸酶 2A（protein Phosphatase 2A，PP2A）是一类重要的丝氨酸/苏氨酸（Ser/Thr）蛋白磷酸酶，对蛋白的修饰过程、磷酸化和去磷酸化过程是可逆的。PP2A 主要负责将已磷酸化激活的蛋白质去磷酸化，在信号传导途径中起负调节作用[35]。PP2A 的活性功能是多种多样的，细胞内众多的蛋白激酶和转录因子都是它所结合的底物[36−37]。PP2A 参与多种细胞活动的调控，例如细胞凋亡、细胞新陈代谢、基因的转录和翻译等[38−39]。此外，它还参与多种信号，如生长素信号、油菜素内酯信号、脱落酸（ABA）信号等转导途径[40−42]。PP2A 一个很重要的功能是，参与对外界环境因素胁迫的响应，并在植

物适应环境胁迫的过程中发挥重要作用。例如，在渗透压胁迫作用下，拟南芥 PP2A 通过对体内生长素的重新分配正向调节植株根系的发育，通过根系的变化来适应渗透压的变化[43]。研究人员已在拟南芥中发现多个蛋白磷酸酶的亚基，其对拟南芥的生长发育起重要作用，比如 *pp2aa1* 突变体、*pp2a-c3*/*pp2a-c4* 双突变体使植物生长发育严重受阻，*PP2Aa1*、*PP2A-C3* 和 *PP2A-C4* 参与植物生长素信号途径，*PP2Ac1*、*PP2Ac2* 和 *PP2Ac5* 参与 ABA、逆境和油菜素内酯信号转导途径[40,42]。小麦中发现的 *TaPP2Ac-1* 对于干旱胁迫有明显响应[44]。

PP2A 是由结构亚基 A（PP2Aa）、调节亚基 B（PP2Ab）和催化亚基 C（PP2Ac）构成的异三聚体蛋白磷酸酶。在拟南芥基因组中，有 3 个基因编码亚基 A、17 个基因编码亚基 B、5 个基因编码亚基 C[45]。PP2A 在体内有两个主要结构：异源二聚体核心酶和异源三聚体全酶。核心酶包括 PP2A 的催化亚基 C 和结构亚基 A。PP2A 全酶的完整结构还包括调节亚基 B，它结合在催化亚基 C 和结构亚基 A 组成的二聚体核心酶上[38]。调节亚基 PP2Ab 控制催化亚基 C 活性位点与底物的结合，有 4 个家族，分别是 B（B55、PR55、PPP2R2）、B′（B56、PR61、PPP2R5）、B″（PR72、PPP2R3）和 B‴（PR93/PR110）[46]。对 PP2Ab 的研究，在动物上开展的时间要早于植物，已经取了诸多成果[47−48]；在植物方面，目前已报道拟南芥有 17 个 *PP2Ab* 基因，包括 2 个 *PP2AbB* 基因、9 个 *PP2AbB′* 基因、5 个 *PP2AbB″* 基因和 1 个 *PP2AbB‴* 基因[45,49]。拟南芥 TAP46 是 PP2A 唯一的调节亚基，它被证实在去磷酸化的 ABI5 里面反作用于 PP2A，*TAP46* 的表达受低温诱导并在冷胁迫信号途径中发挥作用[50−51]；在小麦中，当多种逆境胁迫发生时，B″亚家族基因 *TaPP2AbB″-α* 的表达均会上调。在拟南芥中，过表达 *TaPP2AbB″-α*，在渗透胁迫下，拟南芥侧根数目增多，生长情况明显优于野生型。在谷子、水稻中，关于调节亚基 B″-α 的基因序列信息已有描述，但基因的功能尚不明确[52]。

PP2A-C5 是拟南芥中由 5 个基因编码的 PP2A 催化亚基中的一个。尽管 PP2A 在过去十余年吸引了很多关注，但大部分是关于结构亚基 A 和调节亚基 B 的，关于催化亚基的研究成果鲜有发布。

2.1.3　*AVP1*

AVP1 可编码拟南芥液泡质子焦磷酸酶 1（arabidopsis V-type pyrophosphatase 1，AVP1），是拟南芥基因组里的单拷贝基因，大小为 3530 bp，于 1992 年被首次克隆出来[53]。*AVP1* 的第一个功能研究来自盐敏感的酵母突变体，它的表达可以通过重新酸化液泡腔来恢复酵母的耐盐性[54]。之后，Gaxiola 和同事在拟南芥中过量表达 *AVP1* 基因，发现这大大提高了拟南芥的耐盐性和抗旱性[55]。对机制的研究表明，*AVP1* 超表达可以为液泡膜 Na^+/H^+ 逆向转运蛋白如 NHX1，提供更强大的质子驱动力，将细胞质中过多的 Na^+ 隔绝至液泡中。一方面 Na^+ 将被用来作为一种便宜的渗透调节器，以维持细胞的渗透平衡；另一方面可以减少毒性的 Na^+ 在细胞质中的累积，从而提高植物对干旱和盐的适应能力[56]。除了通过提高 Na^+ 区域化来减轻过量 Na^+ 对细胞质的毒害，*AVP1* 的超表达还有利于细胞对其他离子如 K^+ 和 Ca^{2+} 的吸收，从而调节细胞内的离子平衡，使得转基因植物可以在旱和盐胁迫的条件下受到较小的伤害[55]。K^+ 是植物生长过程中不可缺少的元素，能使植物在旱和盐胁迫的条件下保持较好的抗旱和耐盐能力，因此使细胞质 K^+ 浓度维持在较高的水平是很有必要的[57]。Ca^{2+} 在植物耐盐抗旱方面也发挥着重要作用，如刺激细胞对 K^+ 的吸收、稳定细胞壁和细胞膜、充当第

二信使以及调节水分平衡等[58]。

在植物中，有研究人员发现 AVP1 能提高植物生长素的运输效率和介导生长素相关的转基因植株芽和根的发育，使其在旱和盐胁迫下吸收更多的水分和养分，从而进一步提高抗旱耐盐能力[59-60]。*AVP1* 的过量表达使植物在正常生长条件下表现出更健壮的营养生长，可能是因为植物中生长素通量变大，也可能是因为蔗糖运输得到长久的改变。更多的生长素运输可能由更多的酸性质外体引起。AVP1 可能不直接参与质外体酸化，但能促进 P-ATPase 和 PIN 转运到质膜，使生长素的通量上升[59]。强大的根系可能是 *AVP1* 在拟南芥中过量表达而提高植物体耐旱能力的一个主要原因。

2.2 研究目的

我们选用两个对植物抗非生物胁迫都起重要作用的基因，在其周围各连接一个来自果蝇的顺式作用元件——绝缘子 *Gypsy*，通过农杆菌介导转化进入拟南芥，筛选后观察基因的表达量变化，分析绝缘子 *Gypsy* 及其所绝缘基因的连接方式对转基因植株基因表达的影响。目的是研究如何提高对植物转基因表达的精准控制水平，同时探索绝缘子 *Gypsy* 在植物中的应用。

2.3 材料与方法

2.3.1 实验材料

实验所用的拟南芥品种：哥伦比亚生态型。

将足够多的野生型拟南芥种子平铺于 1/2MS 平板培养基上，待萌发。20 天后，选取植株大小比较接近的 90 株野生型拟南芥转移到土壤中，每个花盆中种植 5 株，共 18 盆。培养大约 4 周，观察到大部分花朵开放后，将每 3 盆浸染 1 种农杆菌，共 6 种农杆菌，每种农杆菌获得 15 株 T1 代转基因拟南芥。为保证实验的一致性，对 6 种载体进行同一批转化，转化时间和条件保持一致。将转化后的拟南芥培养到角果自然裂开，待种子成熟脱落后收集到 EP 管中，室温下烘干。经过筛选，获得 2180 株 T1 代转基因拟南芥植株，培养收获种子后，经过进一步筛选得到 547 株单拷贝转基因拟南芥，可用于基因表达量的测定。

2.3.2　拟南芥的培养条件及种植过程

平板培养条件：室温 22℃，持续光照。

土壤培养条件：使拟南芥生长于固定程序的培养箱中（ENCONAIRAC-60，Ecological chamber Inc.，Canada），如图 2.1 所示。

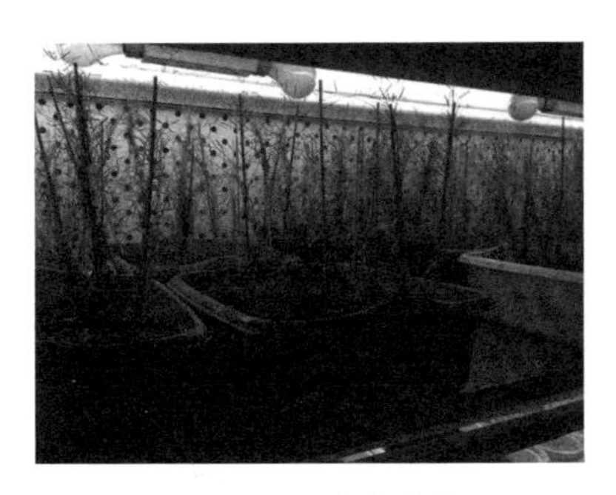

图 2.1　拟南芥培养

培养箱程序：首先进行 16 小时光照培养（光照强度 120 mmol • s^{-1} • m^{-2}），然后进行 8 小时无光照培养；22℃恒定温度，50%恒定湿度。

种植过程：将拟南芥的种子进行表面灭菌后平铺于 1/2 MS 平板培养基上，培养 20 天后将幼苗移入土壤中，放入 22℃恒温恒湿培养箱中培养。供给的水分全部为蒸馏水。移入时在幼苗周围浇水，以保鲜膜密封花盆，保持土壤湿度。两天后移走保鲜膜，之后保持水分的供给。将植物培养到大部分角果形成、尚未裂开时，进行单株捆绑，方便收获种子。

2.3.3 菌株和载体

pPZP212 载体（图 2.2）、*E. coli* DH5α 菌株、农杆菌菌株 GV3101 来自美国德州理工大学实验室。

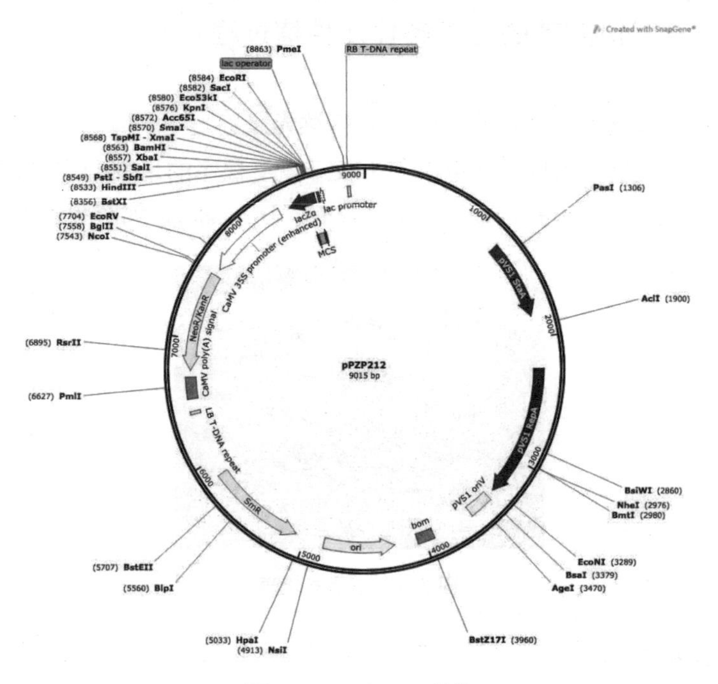

图 2.2　pPZP212 载体

2.3.4 引物设计及合成

引物采用Primer 5.0软件设计，由Invitrogen公司合成。

2.3.5 主要试剂

LB培养基（由Fisher公司生产），Murashige和Skoog基础盐混合物（由CAISSON公司生产），MES缓冲液（由Fisher公司生产），蔗糖（由CAISSON公司生产），琼脂（由AMRESCO公司生产），β-巯基乙醇（由Fisher公司生产），D-Mannitol（由Sigma公司生产），卡那霉素、利福平、庆大霉素、奇霉素、头孢噻肟（由Fisher公司生产），RNA提取液（由Invitrogen公司生产），表面活性剂Silwet L-77（由Lehle Seeds公司生产），漂白剂（由KIK公司生产），各种限制性内切酶、T4 DNA连接酶、碱性磷酸酶、Q5© High-Fidelity DNA Polymerase［购自New England Biolabs（NEB）公司］，Gotaq PCR扩增酶（购自Promega公司），反转录试剂盒［购自北京天根生化科技（北京）有限公司］，去除DNA酶（购自Takara公司），实时荧光定量PCR超混合液（购自Bio-Rad公司）。

2.3.6 基础试剂配方

（1）Solution Ⅱ（质粒提取用）（500 mL）要现用现配，配制所用试剂及用量见表2.1。

表 2.1　Solution Ⅱ配制所用试剂及用量

试剂	用量
10% SDS	50 mL
1 M NaOH	100 mL
超纯水	350 mL

（2）Solution Ⅲ（质粒提取用）（500 mL）配制所用试剂及用量见表 2.2。

表 2.2　Solution Ⅲ配制所用试剂及用量

试剂	用量
KOAc	147 g
冰醋酸	57.5 mL
超纯水	442.5 mL

（3）DNA 提取缓冲液（1 L）：

100 mmol/L Tris-HCl（pH 8.0）；

50 mmol/L EDTA（pH 8.0）；

500 mmol/L NaCl。

临用前加入 1%的 β-巯基乙醇。

（4）0.1%DEPC 处理水配制所用试剂及用量见表 2.3。

表 2.3　0.1%DEPC 处理水配制所用试剂及用量

试剂	用量
DEPC	200 μL
蒸馏水	200 mL

配制好后摇晃过夜，再于 121℃下高压蒸汽灭菌 15 分钟。

提取 DNA 和 RNA 的 EP 管和离心管应是不含有 DNA 酶和

RNA 酶的。

（5）转化重悬液配制所用试剂及用量见表 2.4。

表 2.4　转化重悬液配制所用试剂及用量

试剂	用量
蔗糖	17.5 g
Silwet L-77	70 μL
蒸馏水	350 mL

需要注意的是，配制转化重悬液时，表面活性剂 Silwet L-77 要在最后加入，现用现配。

（6）基本培养基。

LB 液体培养基（1 L）配制所用试剂及用量见表 2.5。

表 2.5　LB 培养基（1 L）配制所用试剂及用量

试剂	用量
LB 培养基粉末	20 g
蒸馏水	1 L

在配制 LB 固体培养基时需加入细菌培养用琼脂粉 15 g，于 121℃下高压蒸汽灭菌 15 分钟。

LB 培养基（包括液体和固体）中要加入 50 mg/L 利福平、25 mg/L 庆大霉素、100 mg/L 奇霉素。

2.3.7 实验方法

2.3.7.1 载体构建

1. 带有*Gypsy*的载体pPZP212G的构建

*Gypsy*片段采用PCR的方法，从p*GYPSY*-TL-Su（Hw）载体扩增而来，分别得到gypHX35和gypES35两个片段。p*GYPSY*-TL-Su（Hw）来自Junhui Wang实验室[61]。将载体pPZP212先用限制性内切酶*Hind* Ⅲ处理，再用T4 DNA连接酶处理，然后用*Sal* Ⅰ处理，形成一个平端和一个黏性末端，再用碱性磷酸酶处理，防止载体自连，留以备用。将gypHX35用*Xho* Ⅰ酶切后与备用的pPZP212连接形成pPZP212-5G。将pPZP212-5G用*Eco* R Ⅰ和T4 DNA连接酶进行处理，然后用乙醇沉淀纯化，再用*Sac* Ⅰ酶切。此时pPZP212-5G形成一个平端和一个黏性末端。将gypES35用*Sac* Ⅰ酶切后与新的链状pPZP212-5G连接。一个带有两个*Gypsy*片段的环状载体构建完成，送Invitrogen公司测序。本实验的外源基因将插入两个片段中间。

2. 含有*Gypsy*的*PP2A-C5*和*AVP1*共表达载体的构建

完整的*PP2A-C5*表达调控单元来自载体pFGC5941-C5。该载体用*Hind* Ⅲ和*Eco* R Ⅰ进行酶切后得到一个长3198 bp的片段，里面含有完整的*PP2A-C5*表达调控单元，包括35S启动子和octopine synthase（OCS）终止子，并带有一个平端和一个黏性末端。将pPZP212G也用*Hind* Ⅲ和*Eco* R Ⅰ进行酶切，然后与之前得到的大小为 3198 bp 的片段连接形成载体 p212G-C5。采用 Q5© High-Fidelity DNA 扩增酶从拟南芥 cDNA 文库中扩增得到 *AVP1*，其片段带有的黏性末端与 *Sma* Ⅰ 酶切后的 pRT103 载体相连接，构成载体 pRT103-AVP，包括 dual 35S 启动子和带有 CaMV strain Cabb B-D 的加尾信号[62]，送 Invitrogen 公司测序。pRT103-AVP 用 *Hind* Ⅲ进行酶切后，得到完整的 *AVP1* 表达调控单元。将载体 pPZP212 和 p212G-C5 分别用 *Hind* Ⅲ进行酶切，再用碱性磷酸酶去磷酸化。这两个载体分别与完整的 *AVP1* 表达调控单元连接，形成 pPZP212-AVP 和两个方向双基因载体，分别是 p212G-C5-AVP（→→）和 p212G-C5-AVP（→←）。方向采用 PCR 的方法确定。将载体 pFGC5941-C5 用 *Hind* Ⅲ和碱性磷酸酶处理。将载体 pJG4-5 用 *Hind* Ⅲ处理可得到一个大小为 340 bp 的片段。该片段与经酶切的 pFGC5941-C5 相连接，形成 pFGC5941-EC5E。该载体用 *Eco* R Ⅰ酶切后得到完整的 *PP2A-C5* 表达调控单元。将 p212G-C5-AVP（→→）用 *Eco* R Ⅰ进行酶切，再用碱性磷酸酶去磷酸化，得到的片段与 *Eco* R Ⅰ 酶切 pFGC5941-EC5E 以后得到的 *PP2A-C5* 表达调控单元相连接，得到含有 *Gypsy* 的 *PP2A-C5* 和 *AVP1* 共表达载体 p212G-C5-AVP（←→）。

3. 不含有 *Gypsy* 的 *PP2A-C5* 和 *AVP1* 共表达载体的构建

将 pPZP212-AVP 用 *Eco* R Ⅰ和碱性磷酸酶处理后，与完整的 *PP2A-C5* 表达调控单元连接，形成 p212-C5-AVP（→→）和 p212-C5-AVP（←→）。将 p212-C5-AVP（→→）用 *Hind* Ⅲ和碱性磷酸酶处理后得到 pRT103-AVP，将其与用 *Hind* Ⅲ酶切后得到的完整的 *AVP1* 表达调控单元相连接，得到不含有 *Gypsy* 的 *PP2A-C5* 和 *AVP1* 共表达载体 212-C5-AVP（→←）。

4. 限制性内切酶反应体系及程序

限制性内切酶反应体系（10 μL）见表2.6。

表2.6 限制性内切酶反应体系（10 μL）

反应成分	用量
限制性内切酶	1 U
DNA	0.1 μg
10×NEBuffer	1 μL
超纯水	7.9 μL

根据限制性内切酶的反应温度，将反应体系水浴1 h，再采用限制性内切酶的失活温度将反应体系水浴20 min，去除酶活性。

5. 碱性磷酸酶反应体系及程序

碱性磷酸酶反应体系（20 μL）见表2.7。

表2.7 碱性磷酸酶反应体系（20 μL）

反应成分	用量
T4 DNA连接酶	1 U
DNA	1 μg
CutSmart© Buffer（10×）	2 μL
超纯水	16 μL

将反应体系用37℃水浴30 min，之后用65℃水浴10 min去活，对产物进行胶回收。

6. T4 DNA连接酶反应体系及程序

（1）将DNA溶解到1×的反应缓冲液中，并加入dNTPs

(100 μM)。

(2) 每毫克DNA中加入1 U的T4 DNA连接酶。

(3) 将反应体系于12℃水浴15 min。

(4) 加入EDTA至终浓度为10 mM，于75℃下水浴20 min(终止反应)。

7. 基因克隆的引物

(1) 扩增*Gypsy*的引物。

①扩增*gypHX35*的引物：

gyp3　　AATTGATCGGCTAAATGGTATGG

gyp-xho-hin5　　AGTCCTCGAGAAGCTTTCACGTAAT-AAGTGTGCGTTGAATT

②扩增*gypES35*的引物：

gyp3　　AATTGATCGGCTAAATGGTATGG

gyp-sac-eco5　　AGTCGAGCTCGAATTCTCACGTAAT-AAGTGTGCGTTGAATT

(2) 扩增*AVP1*的引物。

AVP1-F1　ATGGTGGCGCCTGCTTTGT

AVP1-R1　TTAGAAGTACTTGAAAAGGATAC

8. 大肠杆菌感受态细胞的制备

(1) 将0.5 mL解冻的DH5α大肠杆菌吸入50 mL SOB培养基中，于37℃下振荡培养1～2 h，使OD_{600}接近0.6。

(2) 将培养物在冰上放置10 min，吸入预冷的50 mL离心管中，在4℃、8000 rpm的条件下离心10 min，收集沉淀。

(3) 在收集到的沉淀中加入15 mL预冷的TB缓冲液，混匀。然后在冰上放置10 min，在4℃、8000 rpm的条件下离心5 min，弃上清液，收集沉淀。

（4）在收集到的沉淀中加入 4 mL TB 缓冲液，轻轻摇匀，加入 280 μL DMSO，使 DMSO 终浓度达到 7%。在冰上放置 10 min。

（5）将感受态细胞分装入 EP 管中，每管 200 μL。将装有感受态细胞的 EP 管浸于液氮中冷冻 2 min，然后将感受态细胞移至−70℃保存。

9. 小规模质粒的提取

（1）将大肠杆菌菌液在 4℃、10000 g 的条件下离心 1 min，离心收集含有质粒的大肠杆菌。

（2）尽可能弃上清液，在沉淀中加入 100 μL 双蒸水重悬，使大肠杆菌分散。

（3）先加入 200 μL 新鲜配制的 Solution Ⅱ，轻摇振荡。再加入 150 μL Solution Ⅲ，上下颠倒，冰浴 3 min。

（4）将反应体系在 54℃、12000 g 的条件下离心 5 min。

（5）将离心后得到的上清液转入新的 EP 管中。

（6）往 EP 管中加入上清液 2 倍体积的无水乙醇，涡旋振荡。

（7）将反应体系在 4℃、13000 g 的条件下离心 6 min，收集沉淀。

（8）用 70%的乙醇漂洗沉淀 1 次。

（9）尽量除去乙醇，于 37℃干燥沉淀。

（10）加入适量的 ddH_2O 溶解沉淀。

10. 转化 *E. coli* DH5α 感受态细胞

（1）将液氮冷冻的 200 μL *E. coli* DH5α 感受态细胞置于 0℃进行融化。

（2）在融化的感受态细胞中加入 10 μL 质粒，然后冰浴

30 min。

(3) 将反应体系在42℃热冲击45 s。然后将反应体系冰浴5 min。

(4) 向反应体系中加入600 μL LB液体培养基，在37℃、225 rpm的条件下培养1 h。

(5) 将得到的培养物于8000 rpm下离心1 min，弃上清液，收集沉淀。

(6) 向收集到的沉淀中加入100 μL LB液体培养基进行重悬，平铺于含有卡那霉素的LB平板培养基上。倒置平板，于37℃过夜培养。

11. 阳性克隆的检测

对*PP2A-C5*和*AVP1*的引物及双基因不同方向插入的引物，采用菌落PCR的方法进行阳性克隆检测，负对照采用含pPZP212空质粒的*E. coli* DH5α。

阳性克隆检测反应体系（20 μL）见表2.8。

表2.8　阳性克隆检测反应体系（20 μL）

反应成分	用量
Gotaq PCR Buffer	4 μL
2.5 mM dNTPs	1.6 μL
10 μM Forward Primer	1 μL
10 μM Reverse Primer	1 μL
E. coli DH5α	—
Gotaq PCR Polymerase	0.1 μL
Nuclease-Free Water	12.3 μL

反应程序：

98℃预变性 5 min；

98℃，30 s
58℃，30 s （每 kb 延伸 1 min，重复 30 个循环）；
72℃，80 s

72℃延伸 5 min。

12. 胶回收

（1）将目的 DNA 在 1%的琼脂糖凝胶上进行电泳。在紫外光照射下，将目的 DNA 条带从琼脂糖凝胶上切下，准确称重，放入离心管中。

（2）根据切下凝胶的质量，加入 3 倍体积的溶胶溶液（质量为 0.1 g 的凝胶，其体积视为 100 μL）。

（3）将溶解后的产物于 50℃水浴 10 min，上下颠倒摇晃，直到凝胶全部溶解，冷却至室温。

（4）将溶解的溶液倒入吸附柱中，然后将吸附柱置于收集管中，于 13400 g 下离心 30 s，倒出废液。

（5）往吸附柱中加入 700 μL 漂洗液（漂洗液在临使用前要加入无水乙醇），于 13400 g 下离心 30 s，倒出废液。

（6）再向吸附柱中加入 500 μL 漂洗液，于 13400 g 下离心 30 s，倒出废液。

（7）将吸附柱于 13400 g 下离心 2 min，尽量除尽漂洗液。

（8）取出吸附柱放入一个干净的 EP 管中，加入适量预热至 65℃的洗脱缓冲液后于室温下冷却 2 min，再于 13400 g 下离心 1 min。

（9）将回收产物用 1%的琼脂糖凝胶进行电泳检测。

2.3.7.2　*Gypsy* 的构建和 *AVP1*、*PP2A-C5* 插入及插入方向的检测

1. Q5© High-Fidelity DNA 扩增酶反应体系及程序

Q5© High-Fidelity DNA 扩增酶反应体系（25 μL）见表 2.9。

表 2.9　Q5© High-Fidelity DNA **扩增酶反应体系**（25 μL）

反应成分	用量
5×Q5 Reaction Buffer	5 μL
10 mM dNTPs	0.5 μL
10 μM Forward Primer	1.25 μL
10 μM Reverse Primer	1.25 μL
Template DNA	2 μL
Q5© High-Fidelity DNA Polymerase	0.25 μL
Nuclease-Free Water	14.75 μL

反应程序：

98℃预变性 30 s；

98℃，10 s
60℃，30 s　（重复 30 个循环）；
72℃，20 s

72℃延伸 2 min。

2. Gotaq PCR 扩增酶反应体系及程序

Gotaq PCR 扩增酶反应体系（20 μL）见表 2.10。

表 2.10 Gotaq PCR 扩增酶反应体系（20 μL）

反应成分	用量
Gotaq PCR Buffer	4 μL
2.5 mM dNTPs	1.6 μL
10 μM Forward Primer	1 μL
10 μM Reverse Primer	1 μL
Template DNA	1 μL
Gotaq PCR Polymerase	0.1 μL
Nuclease-Free Water	11.3 μL

反应程序：

98℃预变性 2 min；

98℃，30 s
58℃，30 s ｝（每 kb 延伸 1 min，重复 30 个循环）；
72℃，80 s

72℃延伸 5 min。

3. 鉴定*Gypsy*、*PP2A-C5*、*AVP1*构建及双基因插入方向的引物

（1）*PP2A-C5* 和*Gypsy*：

C5-RT-F1　TTAGATCGAATTCAAGAGGTTCCA

C5-RT-R1　TTGTCCGAAAGTGTAGCCTG

Gyp to 5′　AAATTATTTGGTTTCTCTAAAAAGTATGC

（2）*AVP1* 和*Gypsy*：

AVP-RT-R2　CCGTGAATAGGAATGAAGTTGC

AVP-1857-F1　CCCTGGACTTATGGAAGGAACC

Gyp to 5′　AAATTATTTGGTTTCTCTAAAAAGTATGC

（3）*PP2A-C5*：

35S　　　CCCACGAGGAGCATCGTGGAAAAAGAA-GACGT

C5-RT-R1　TTGTCCGAAAGTGTAGCCTG

（4）*AVP1*：

AVP-1857-F1　　CCCTGGACTTATGGAAGGAACC

AVP-3UTR-R2　　CCTTATCTGGGAACTACTCACACA-TTA

（5）*C5-AVP*（→→）：

AVP-RT-R2　　CCGTGAATAGGAATGAAGTTGC

C5-RT-F1　　TTAGATCGAATTCAAGAGGTTCCA

（6）*C5-AVP*（←→）：

AVP-RT-R2　　CCGTGAATAGGAATGAAGTTGC

C5-RT-R1　　TTGTCCGAAAGTGTAGCCTG

（7）*C5-AVP*（→←）：

AVP-RT-F1　　TCATGCTCACACCTCTCATTG

C5-RT-F1　　TTAGATCGAATTCAAGAGGTTCCA

2.3.7.3　农杆菌介导法转化拟南芥

1. 农杆菌菌株GV3101感受态细胞的制备

（1）挑取单菌落GV3101，接种于5 mL附加50 mg/L利福平的LB液体培养基中，于28℃、200 rpm下振荡培养，过夜。

（2）取2 mL培养物至50 mL LB液体培养基中，继续培养至OD_{600}为0.5左右。

（3）将培养物冰浴30 min，在4℃、5000 rpm的条件下离心5 min，弃上清液。

（4）往离心管中加入10 mL 0.1 mol/L冷的NaCl溶液悬浮

菌体。

（5）将离心管中的混合液在 4℃、5000 rpm 的条件下离心 5 min，弃上清液。

（6）往离心管中加入 1 mL 20 mmol/L 冷的 $CaCl_2$溶液悬浮菌体，然后将得到的悬浮液分装成 50 μL/管，用液氮速冻后，于−80℃保存。

2. 冻融法——将质粒转入农杆菌中

（1）冰浴融化离心管中的农杆菌 GV3101 感受态细胞。

（2）向离心管中加入 3 μL 表达载体质粒，先冰浴 30 min 再移入液氮中冷冻 1 min，然后于 37℃水浴 5 min。

（3）向离心管中加入 950 μL 无抗生素的 YEP 培养基，在 28℃、200 rpm 的条件下振荡培养 4 h。

（4）将离心管于 10000 rpm 下离心 1 min 以浓缩菌液，用 100 μL LB 液体培养基回溶菌体。

（5）将回溶后的菌体涂于附加 50 mg/L 卡那霉素和 100 mg/L 利福平的 LB 固体培养基上，于 28℃培养 36～48 h。用 PCR 方法检测菌体的阳性克隆。

3. 阳性农杆菌转化子的鉴定

通过 *PP2A-C5*和 *AVP1* 的引物及双基因不同方向插入的引物，采用菌落 PCR 的方法鉴定阳性农杆菌转化子。PCR 反应体系及循环条件与大肠杆菌转化子检测相同。然后将含有质粒的农杆菌平铺在含 50 mg/L 利福平、25 mg/L 庆大霉素、100 mg/L 奇霉素的 LB 平板培养基上。

4. 农杆菌 GV3101 转化拟南芥方案

（1）在土壤中种植野生型拟南芥，培养约 4 周，直到开花，用花序浸染的方式进行转化[63]。

（2）挑取根癌农杆菌 GV3101 单个菌落接种到 1 mL LB 液体培养基中，于 30℃下过夜摇活培养。

（3）量取 300 mL LB 液体培养基，加入 50 mg/L 利福平、25 mg/L 庆大霉素、100 mg/L 奇霉素。

（4）将过夜摇活培养的菌液倒入加了抗生素的 LB 液体培养基中，于 30℃下摇活培养 15 h，直到菌液的 OD_{600} 接近 0.8。

（5）将摇活培养的菌液在 20℃、2500 g 的条件下离心 10 min，收集菌液。

（6）用 350 mL 转化重悬液对收集到的菌液进行重悬。

（7）将拟南芥花序浸入重悬液中，抽真空（13 inHg）转化 3 min。每次可以转化 15～20 株拟南芥。

（8）将拟南芥在避光密封的条件下过夜培养。

2.3.7.4　Northern 印迹杂交

1. 试剂准备

（1）0.5 M EDTA 的配制：称取 16.6 g EDTA，加入超纯水至 80 mL，混匀后用 1 M NaOH 调节 pH 至 8.0，定容至 100 mL。

（2）50 mM NaAc 的配制：称取 2.4 g NaAc，加入超纯水至 500 mL，加入 0.5 mL DEPC，于 37℃振荡过夜后高温高压灭菌。

（3）5×甲醛凝胶电泳缓冲液的配制：称取 10.3 g MOPS，加入 400 mL 50 mM NaAc，用 1 M NaOH 调节 pH 至 7.0，再加入 10 mL 0.5 M EDTA，加 DEPC 处理水定容至 500 mL。将混匀的溶液进行无菌抽滤，于室温下避光保存。

（4）20×SSC 的配制：称取 175.3 g NaCl 和 88.2 g 柠檬酸三钠，加入超纯水定容至 800 mL，用 1 M NaOH 调节 pH 至

7.0后再用超纯水定容至1000 mL。将混合液加入1 mL DEPC后，高温高压灭菌。

（5）6×SSC的配制：量取300 mL 20×SSC，加入超纯水稀释至1000 mL。加入1 mL DEPC后，高温高压灭菌。

（6）50×Denhardt的配制：称取0.5 g聚蔗糖、0.5 g聚乙烯吡咯烷酮、0.5 g牛血清白蛋白（BSA），加入超纯水定容至50 mL，无菌抽滤，分装保存。

（7）1 M Na_2HPO_4的配制：称取35.8 g $Na_2HPO_4 \cdot 12H_2O$，加入超纯水定容至100 mL。

（8）1 M NaH_2PO_4的配制：称取15.6 g $NaH_2PO_4 \cdot 2H_2O$，加入超纯水定容至100 mL。

（9）0.1 M磷酸钠缓冲液（pH 6.6）的配制：量取35.2 mL Na_2HPO_4，加入64.8 mL NaH_2PO_4。

（10）STE缓冲液的配制：量取2.5 mL 1 M Tris-HCl（pH8.0）、0.5 mL 0.5 M EDTA、5 mL 5 M NaCl，加入超纯水定容至250 mL。

（11）总体积20 mL预杂交液的配制：量取5 mL 20×SSC、10 mL甲酰胺、4 mL 50×Denhardt、0.2 mL 1 M磷酸钠缓冲液（pH 6.6）、1 mL 10% SDS，使用前加入加热变性的鲑鱼精DNA（10 mg/mL）。

（12）DEPC处理水的配制：于1000 mL超纯水中加入1 mL DEPC，于37℃振荡过夜，高温高压灭菌。

2. 操作步骤

（1）提取拟南芥总RNA。

（2）制备变性胶：称取0.2 g琼脂糖，加入12.4 mL DEPC处理水，加热熔化后于相同温度下加入4.0 mL 5×甲醛凝胶电泳缓冲液、2.6 mL 37%甲醛，充分混匀。待胶凝固后，放入1

×甲醛凝胶电泳缓冲液中预电泳 5 min。

(3) 制备样品：量取 4.5 μL（20～30 μg）拟南芥总 RNA，加入 4.0 μL 5×甲醛凝胶电泳缓冲液、2.6 μL 37%甲醛、10 μL 甲酰胺，于 65℃下水浴 15 min，再冰浴 5 min。加入 1 μL EB (1 μg/μL)、2 μL 上样缓冲液。

(4) 电泳：点样后将变性胶于 50 V 电压下电泳约 2 h。电泳结束后将变性胶放置于凝胶成像仪内，观察 RNA 的完整性，记录 18S、28S 条带的清晰程度，以及距离加样孔的位置。

(5) 将 RNA 从变性胶转移至尼龙膜（Ambion）上：

①根据变性胶的 RNA 条带的位置剪取大小合适的一张尼龙膜，用 DEPC 处理水浸湿后，置于 20×SSC 中浸泡 1 h。剪去尼龙膜的一角。将胶块切去一角，并在 20×SSC 中浸泡 15 min，重复一次。

②准备一个专门用于将 RNA 从变性胶转移至尼龙膜的槽子，用面积大于变性胶的有机玻璃板作为平台。从槽子底面将平台垫高，上面放入一张 3 MM 滤纸（Whatman），倒入 20×SSC，使液面略低于平台表面。待平台上方的 3 MM 滤纸湿透后，用玻棒赶出滤纸中间的所有气泡。

③将变性胶翻转后置于平台上湿润的 3 MM 滤纸中央，尽量排除膜与变性胶之间的气泡。

④用封口膜封闭变性胶四周，阻止槽中的缓冲液直接流向胶上方吸水的纸张。

⑤在变性胶上方放置预先已浸湿的尼龙膜，尽量排除膜与变性胶之间的气泡。

⑥将两张已浸润的、与变性胶大小相同的 3 MM 滤纸置于尼龙膜的上方，尽量排除膜与变性胶之间的气泡。

⑦将一叠厚 8 cm、面积略小于 3 MM 滤纸的吸水纸置于 3 MM滤纸的上方，并在吸水纸上方放足够重的书（质量约

500 g)。其目的是使缓冲液从槽内经变性胶向尼龙膜上流动，以使变性胶中的 RNA 洗脱出胶体，向尼龙膜上聚集。

(6) 保持 RNA 转移 15 h 左右。在转膜的过程中，在吸水纸浸湿后应更换新的吸水纸。

(7) 转移结束后，揭去变性胶上方的吸水纸、3 MM 滤纸、书本。将尼龙膜在 6×SSC 中浸泡 5 min，以去除尼龙膜上残留的变性胶。

(8) 将变性胶放入凝胶成像仪内，观察胶块上有无残留的 RNA。

(9) 将尼龙膜置于 80℃下真空干烤 1～2 h。烤干后的尼龙膜用塑料袋密封，于 4℃下保存备用。

(10) 探针标记 (Promega)：

①称取 25 ng 模板 DNA，放入 0.5 mL 离心管中，95℃金属浴变性 2 min，冰上冷冻 5 min。

②dNTPmix 的制备：量取 1 μL dGTP、1 μL dATP、1 μL dTTP，混匀。

③将表 2－11 所列反应成分混合，加入前述含有 DNA 的离心管中。

表 2.11　反应成分及用量

反应成分	用量
dNTPmix	2 μL
BSA (10 mg/mL)	2 μL
5×Buffer	10 μL
Klenow 酶 (5 U/μL)	1 μL
α-32P-dCTP	5 μL

加入适量超纯水使反应体系总体积达到 50 μL，轻摇混匀。

放置于室温下反应 1 h。

（11）预杂交：将尼龙膜的反面紧贴杂交瓶，加入预杂交液 5 mL，于 42℃下预杂交 3 h。

（12）杂交：将变性的探针（95℃金属浴下变性 2 min，冰上冷冻 5 min）加入预杂交液中，再放入转动杂交仪中，于 42℃下杂交 16 h。

（13）洗膜：

①倒出杂交液。

②用 2×SSC/0.1% SDS 于室温下洗 15 min。

③用 0.2×SSC/0.1% SDS 于 55℃下洗 15 min，重复一次。

（14）显影：将洗好的尼龙膜在荧光成像屏（Amersham Biosciences）上曝光过夜，在分子成像仪 Personal Molecular Imager（Bio-Rad）上进行扫描。

3. 引物

AVP1-F1　ATGGTGGCGCCTGCTTTGT
AVP1-R1　TTAGAAGTACTTGAAAAGGATAC
C5full-F　ATGTACCCATACGATGTTCCAGATTAC
C5full-R　TTACAAAAAATAATCTGGAGTCTTGC
act2full-F　ATGGCTGAGGCTGATGATATTC
act2full-R　TTAGAAACATTTTCTGTGAACGATTC

2.3.7.5　转基因拟南芥表达量的测定

1. 拟南芥种子表面灭菌

（1）将拟南芥种子倒入 EP 管中，种子体积不超过 20 μL。

（2）往 EP 管中加入 1 mL 15%漂白剂，上下颠倒摇晃 30 min。

（3）将 EP 管于 5000 rpm 下离心 3 s，使种子沉入 EP 管底部，尽量弃尽上清液。

（4）用灭菌的蒸馏水洗种子 3 次，尽量除去残留的漂白剂。

（5）将 EP 管于 5000 rpm 下离心 5 s，用移液器吸尽蒸馏水。

（6）加入 3 滴 0.07%的琼脂糖溶液，悬浮种子。

2. T1 代转基因拟南芥阳性苗的获得

将农杆菌介导，用花序浸染法转化成功的拟南芥种子进行表面灭菌后，平铺于含有 50 mg/L 头孢噻肟和 50 mg/L 卡那霉素的 1/2 MS 培养基上，培养一周。观察长出四片真叶的正常绿苗即为转基因苗。

3. 拟南芥总 DNA 的提取

（1）将 1/2 MS 培养基里的转基因拟南芥培养一周。

（2）量取 400 μL DNA 提取液，加入 4 μL β-巯基乙醇。

（3）取 10 株拟南芥幼苗，加入预混好的 DNA 提取液，用电钻研磨成匀浆。

（4）将研磨好的匀浆在 4℃、12000 g 的条件下离心 5 min，将上清液吸入一支干净的 EP 管中。

（5）在 EP 管中加入与上清液等体积的氯仿与异戊醇（体积比为 24∶1）的混合液，上下颠倒剧烈摇晃 20 s，摇匀后于室温下静置 3 min。接着在 4℃、12000 g 的条件下离心 15 min，将上清液吸入一支干净的 EP 管中。

（6）在 EP 管中加入与上清液等体积的异丙醇，上下颠倒摇晃，摇匀后于室温下静置 10 min。

（7）将 EP 管在 4℃、12000 g 的条件下离心 10 min，收集沉淀。

（8）向收集到的沉淀中加入 1 mL 75%乙醇，于室温下静置 10 min。

(9) 将EP管在4℃、7500 g的条件下离心5 min，吸干其中的乙醇。

(10) 将管中剩余物于室温下干燥10 min，切勿干燥过度。

(11) 取30 μL ddH_2O对干燥后的物质进行重悬。

4. T1代转基因拟南芥单拷贝植株的筛选

取45粒T1代转基因拟南芥植株的种子，每粒隔开，整齐平铺于一个含有30 mg/L卡拉霉素的1/2 MS培养基上。培养5天后，计算黄色或白化阴性苗的数量，包含或超过8棵阴性苗的植株，有超过99%的概率被认为是单拷贝植株。

5. 拟南芥总RNA的提取

(1) 待转基因拟南芥培养9天后，取适量幼苗，置于液氮中研磨成粉末。

(2) 将粉末放入EP管，加入1 mL RNA提取液，涡旋混匀。

(3) 往EP管中加入200 mL氯仿与异戊醇（体积比为24∶1）的混合液，上下颠倒剧烈摇晃20 s，摇匀后于室温下静置3 min。接着将EP管在4℃、12000 g的条件下离心15 min，将上清液吸入一支干净的EP管中。

(4) 量取与上清液等体积的异丙醇加入EP管，上下颠倒摇晃，摇匀后于室温下静置10 min。

(5) 静置完成后，将EP管在4℃、12000 g的条件下离心10 min，收集沉淀。

(6) 往沉淀中加入1 mL 75%乙醇，于室温下静置10 min。

(7) 静置完成后，将EP管在4℃、7500 g的条件下离心5 min，吸干乙醇。

(8) 将管中剩余物于室温下干燥10 min，切勿干燥过度。

(9) 量取 40 μL DEPC 处理水对干燥后的物质进行重悬。

(10) 提取的总 RNA 的浓度和纯度采用 Thermo Scientific 公司的微量核酸蛋白定量仪（NanoDrop ND-1000）进行测定。

6. cDNA 的合成

(1) 提取后的 RNA 用 DNase 处理以除去总基因组 DNA。该反应体系见表 2.12。

表 2.12　反应体系

反应成分	用量
RNA	20 μg
DNase Ⅰ Buffer（10×）	5 μL
Recombinant DNase Ⅰ	2 μL（10 units）
Ribonuclease Inhibitor	20 units
DEPC-treated-ddH_2O	Up to 50 μL

将反应体系置于 37℃下温育 30 min，然后加入 2.5 μL EDTA（0.5 M），在 80℃下温育 2 min，使 DNase Ⅰ变性。将反应产物放于−20℃下保存。

(2) 在冰浴的无核酸酶的离心管中加入表 2.13 所列物质。

表 2.13　反应成分及用量

反应成分	用量
总 RNA	1 μg
Super Pure dNTPs（2.5 mM each）	2 μL
Oligo（dT）15	2 μL
RNase-Free ddH_2O	Up to 14.5 μL

将反应体系置于 70℃下加热 5 min 后迅速在冰上冷却 2 min。

简短离心收集反应液后，加入表 2.14 所列物质，轻轻用移液器混匀。

表 2.14　反应成分及用量

反应成分	用量
TIANScript M-MLV	1 μL（200 U）
5×First-Strand Buffer（含有 DTT）	4 μL
RNasin	0.5 μL

将反应体系置于 25℃下温育 10 min，随后置于 42℃下温育 50 min，最后置于 95℃下加热 5 min 以终止反应，最后置于冰上。

（3）用 DEPC 处理水将反应体系稀释到 400 μL。

7. 实时荧光定量 PCR 相对定量检测

实时荧光定量 PCR（以下简称 qPCR）采用相对定量的检测方法，检测仪器为 ABI 7500，试剂为 Bio-Rad 公司的 Ssofast Evagreen Supermix（2×），耗材为 ABI 公司的 96 孔板和封板膜。

引物：

AVP1-F　　5′-GTG GGA TCT ACA CTA AGG CTG-3′

AVP1-R　　5′TCC CAT ACC AGC AAT GTC AC-3′

PP2A-C5-F　　5′TAC AGC TCT TAT TGA GAG TCA G-3′

PP2A-C5-R　　5′ATG TGG AAC CTC TTG AAT TCG-3′

ACTIN-F　　5′-CAG CAT GAA GAT TAA GGT CGT TG-3′

ACTIN-R　　5′-TTC TGT GAA CGA TTC CTG GAC-3′

反应体系见表 2.15。

表 2.15　qPCR 反应体系

反应成分	用量
Ssofast Evagreen Supermix（2×）	5 μL
AVP1-F/AVP1-R PP2A-C5-F/PP2A-C5-R ACTIN-F/ACTIN-R	1 μL
cDNA	4 μL

反应程序：

95℃，1 min；

95℃，10 s
60℃，40 s
（收集数据，重复 40 个循环）。

溶解曲线：

95℃，1 min；

55℃，1 min；

55℃，10 s（收集数据，重复 80 个循环，每个循环升温 0.5℃）。

8. 基因表达量的数据分析

采用软件 SPSS Statistics 22 对含有 6 种载体的转基因拟南芥植株的 *PP2A-C5* 和 *AVP1* 表达量进行分析，并统计每组数据的中位数、最大值和最小值。采用软件中非参数检验里的单样本 Kolmogorow-Smirnov 检测方法检测每组数据是否符合正态分布。采用 Wilcoxon rank test 检测方法分析两组数据的显著性差异，当 $P \leq 0.05$ 时两组数据之间有显著性差异，当 $P > 0.05$ 时两组数据之间没有显著性差异。

2.4　结果与分析

2.4.1　载体构建

将外源基因，包括目的基因 *PP2A-C5* 和 *AVP1*、抗性标记基因 *NPT* Ⅱ、绝缘子 *Gypsy* 以 6 种不同方式与载体 pPZP212 相连接。如图 2.3 所示，分别用 A、B、C、D、E、F 来表示 6 种载体。载体 A、载体 B、载体 C 的 *PP2A-C5* 和 *AVP1* 两端没有构建绝缘子 *Gypsy*，载体 D、载体 E、载体 F 的 *PP2A-C5* 和 *AVP1* 两端分别构建了绝缘子 *Gypsy*。载体 A 和载体 D 的 *PP2A-C5* 和 *AVP1* 为一个方向（→→），载体 B 和载体 E 的 *PP2A-C5* 和 *AVP1* 的方向是头对头（←→），载体 C 和载体 F 的 *PP2A-C5* 和 *AVP1* 的方向是尾对尾（→←）。

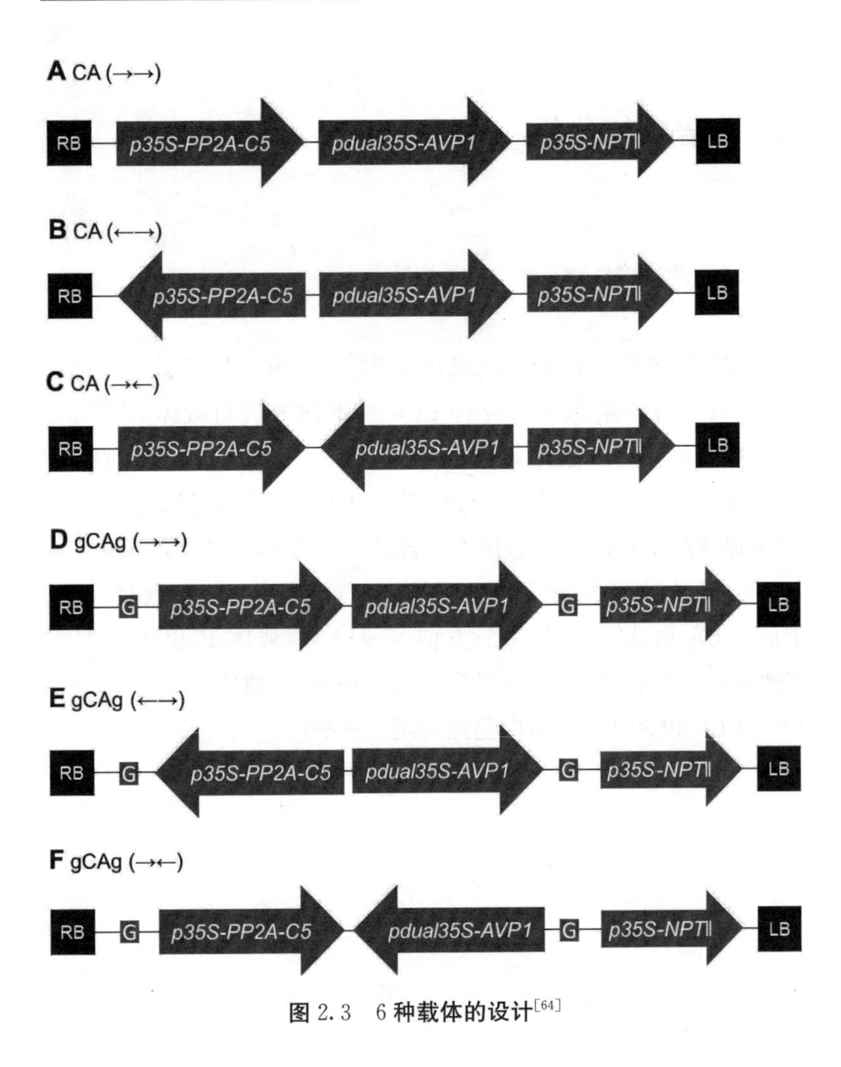

图 2.3　6 种载体的设计[64]

2.4.2　T1 代转基因拟南芥阳性苗的获得

采用农杆菌介导、真空浸染拟南芥花序的方法得到 T0 代植物。T0 代植物的种子（T1）经过表面灭菌后，在含有头孢噻肟和卡那霉素的 1/2 MS 平板培养基上进行筛选，得到转基因阳性苗。图 2.4 中，箭头所指长出四片真叶的拟南芥幼苗即为转基因阳性苗。本书实验的转化效率在 0.1%～0.5%之间。

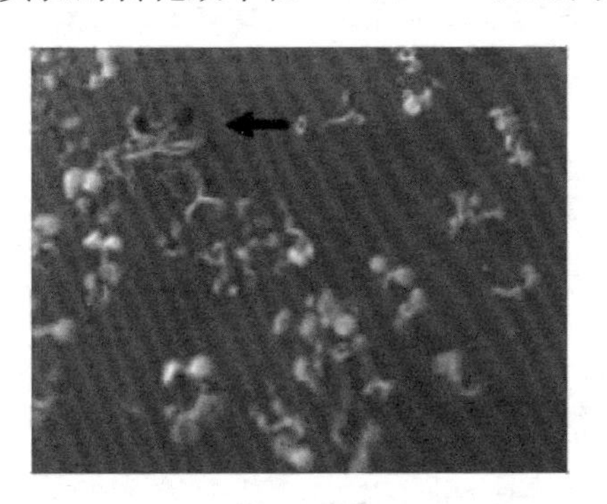

图 2.4　T1 代转基因拟南芥阳性苗

2.4.3　单拷贝转基因拟南芥的筛选

取 45 粒 T1 代转基因拟南芥植株的种子，每粒隔开，整齐平铺于一个含有 30 mg/L 卡拉霉素的 1/2 MS 平板培养基上。转基因纯合子和杂合子将在含有抗生素的培养基上长出绿色的正常苗，而非转基因植株将在平板上长出黄色或白化的阴性苗（理论分离比为 3∶1）。非转基因植株和对照的野生型（WT）植株表型相同。培养一周后，计算黄色或白化阴性苗的数量，由二项分布分析可知，包含或超过 8 棵阴性菌的植株，有超过 99%的概率被认为是单拷贝植株。图 2.5 中，标记为 SI 的单拷贝转基因植株中的 45 株苗中有黄色阴性苗 9 株，因此该植株有超过 99%的可能性是单拷贝转基因植株。而其他的植株没有黄色阴性苗的出现，可被认为是多拷贝转基因植株。

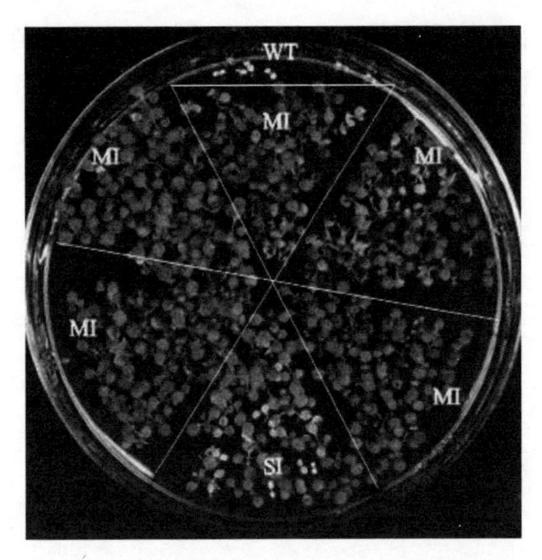

WT—野生型阴性对照；SI—单拷贝转基因植株；MI—多拷贝转基因植株

图 2.5　单拷贝转基因拟南芥的筛选

将 6 种载体所有的 T1 代转基因植株进行单拷贝转基因筛选，结果见表 2.16，得到载体 A 单拷贝转基因植株 100 株，载体 B 单拷贝转基因植株 70 株，载体 C 单拷贝转基因植株 98 株，载体 D 单拷贝转基因植株 92 株，载体 E 单拷贝转基因植株 99 株，载体 F 单拷贝转基因植株 88 株。由图 2.6 可知，载体 A 单拷贝转基因植株占载体 A T1 代转基因植株的比例为 34.2%，载体 B 单拷贝转基因植株占载体 B T1 代转基因植株的比例为 8.5%，载体 C 单拷贝转基因植株占载体 C T1 代转基因植株的比例为 33.9%，载体 D 单拷贝转基因植株占载体 D T1 代转基因植株的比例为 37.9%，载体 E 单拷贝转基因植株占载体 E T1 代转基因植株的比例为 32.0%，载体 F 单拷贝转基因植株占载体 F T1 代转基因植株的比例为 40.2%。结果显示，载体 A、载体 C、载体 D、载体 E、载体 F 的单拷贝转基因植株占 T1 代转基因植株的比例在 32.0%～41.0%之间；而载体 B 的单拷贝转基因植株占 T1 代转基因植株的比例明显低于其他载体，仅有 8.5%。

表 2.16　6 种载体的 T1 代转基因植株中单拷贝转基因植株的比例

载体	T1 代转基因植株数量（株）	单拷贝转基因植株数量（株）	百分比
A：CA（→→）	292	100	34.2%
B：CA（←→）	828	70	8.5%
C：CA（→←）	289	98	33.9%
D：gCAg（→→）	243	92	37.9%
E：gCAg（←→）	309	99	32.0%
F：gCAg（→←）	219	88	40.2%

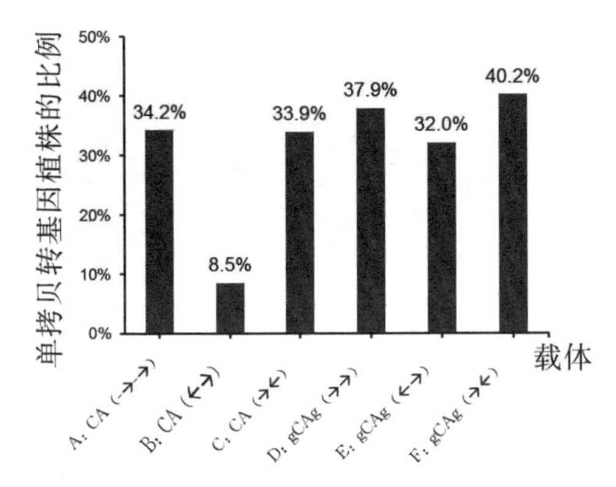

图 2.6　6 种载体的 T1 代转基因植株中单拷贝转基因植株的比例

注：载体 A～E 为带有 6 种载体的转基因拟南芥；*Y* 轴为单拷贝转基因植株占 T1 代转基因植株的比例。

2.4.4　T1 代转基因拟南芥 *Gypsy*、*AVP1*、*PP2A-C5* 插入及插入方向的检测

随机选取 6 种载体的 T1 代转基因拟南芥种子，平铺于 1/2

MS平板培养基上，生长一周后提取总DNA。选取一端在载体内，另一端在基因内的上、下游引物，通过PCR法扩增基因片段后，在0.8%琼脂糖凝胶中进行电泳检测。

2.4.4.1 转基因拟南芥 *AVP1* 插入的检测

因为上、下游引物分别在载体和基因上，经过PCR扩增，由电泳结果可见（图2.7），6种载体的转基因拟南芥DNA中，以质粒作为正对照，分子量500 bp处都有明显的条带，条带大小与预期大小相符；而野生型的对照中无扩增条带，说明 *AVP1* 成功转入拟南芥中。

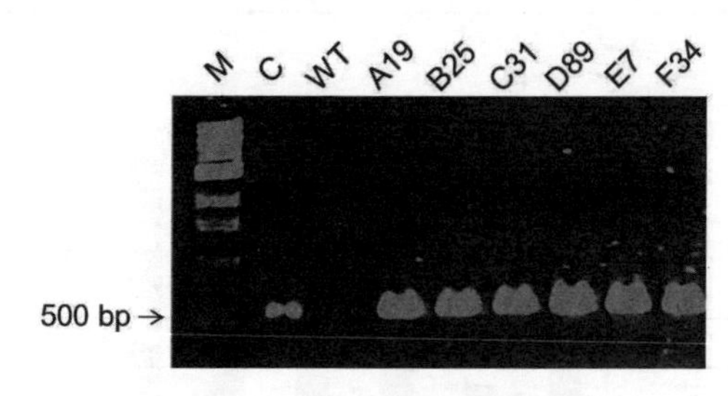

M—分子量标准（DL10000）；C—质粒阳性对照；WT—野生型阴性对照；A19、B25、C31、D89、E7、F34—6种载体转基因拟南芥中随机选取的一个植株

图2.7 转基因拟南芥 *AVP1* 插入的检测结果

2.4.4.2 转基因拟南芥 *PP2A-C5* 插入的检测

6种载体的转基因拟南芥DNA中，分子量1 kp处都有明显的条带（图2.8），条带大小与预期大小相符，说明 *PP2A-C5* 成功转入拟南芥中。

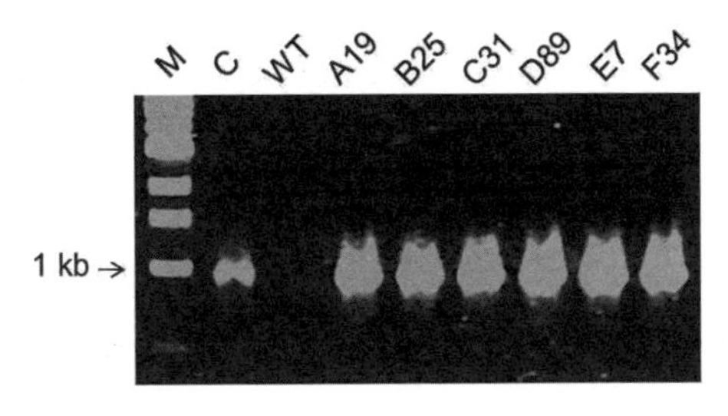

M—分子量标准（DL10000）；C—质粒阳性对照；WT—野生型阴性对照；A19、B25、C31、D89、E7、F34—6 种载体转基因拟南芥中随机选取的一个植株

图 2.8　转基因拟南芥 *PP2A-C5* 插入的检测结果

2.4.4.3　转基因拟南芥 *PP2A-C5* 和 *AVP1* 插入方向的检测

1. p212G-C5-AVP（→→）和 p212-C5-AVP（→→）的检测

在两个基因上分别选取上、下游引物，以确定两个基因的插入方向。电泳结果显示（图 2.9），6 种载体的转基因拟南芥 DNA 中，只有载体 A 和载体 D 有明显的条带，并与载体 A 质粒的扩增结果相同；野生型没有条带，说明只有载体 A 和载体 D 两个基因的方向是“→→”。

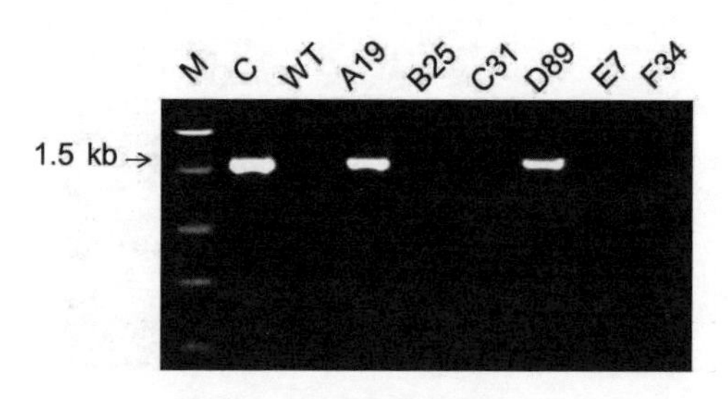

M—分子量标准（DL2000）；C—载体 A 质粒阳性对照；WT—野生型阴性对照；A19、B25、C31、D89、E7、F34—6 种载体转基因拟南芥中随机选取的一个植株

图 2.9　载体 A 和载体 D 转基因拟南芥两个基因方向的插入检测结果

2. p212G-C5-AVP（←→）和 p212-C5-AVP（←→）的检测

电泳结果显示（图 2.10），只有载体 B 和载体 E 有明显的条带，并与载体 B 质粒的扩增结果相同；野生型没有条带，说明只有载体 B 和载体 E 两个基因的方向是“←→”。

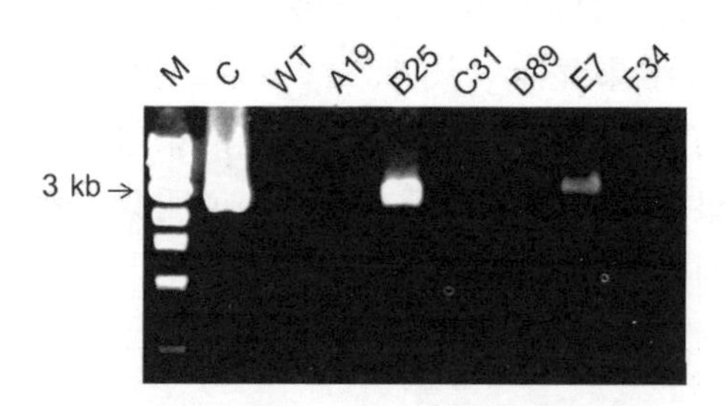

M—分子量标准（DL10000）；C—载体 B 质粒阳性对照；WT—野生型阴性对照；A19、B25、C31、D89、E7、F34—6 种载体转基因拟南芥中随机选取的一个植株

图 2.10　载体 B 和载体 E 转基因拟南芥两个基因方向的插入检测结果

3. p212G-C5-AVP（→←）和 p212-C5-AVP（→←）的检测

电泳结果显示（图 2.11），只有载体 C 和载体 F 有明显的条带，并与载体 C 质粒的扩增结果相同；野生型没有条带，说明只有载体 C 和载体 F 两个基因的方向是“→←”。

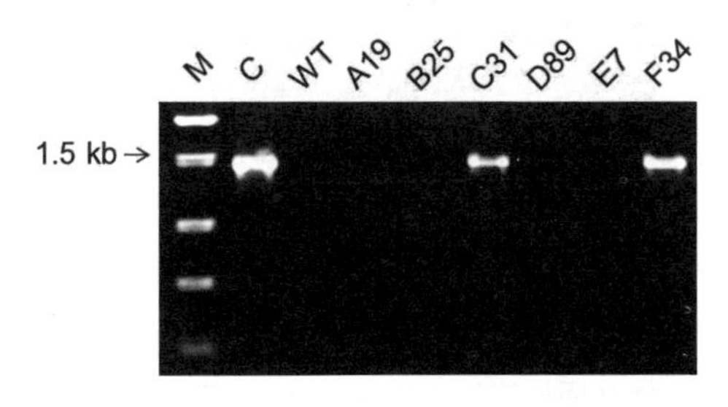

M—分子量标准（DL2000）；C—载体 C 质粒阳性对照；WT—野生型阴性对照；A19、B25、C31、D89、E7、F34—6 种载体转基因拟南芥中随机选取的一个植株

图 2.11　载体 C 和载体 F 转基因拟南芥两个基因方向的插入检测结果

2.4.4.4　*Gypsy* 插入的检测

1. *PP2A-C5* 一端的 *Gypsy*

选取一端在 *Gypsy* 内，另一端在 *PP2A-C5* 的一条链内的上、下游引物进行 PCR，以确定 *PP2A-C5* 这端是否成功插入 *Gypsy*。电泳结果显示（图 2.12），带有 *Gypsy* 的 3 种载体的转基因拟南芥 DNA 中，只有载体 E 在 1.1 kb 处有明显的条带，条带大小与预期大小相符，并与载体 E 质粒的扩增结果相同；野生型没有条带，说明 *Gypsy* 成功插入转基因拟南芥中，同时说明载体 E 中 *PP2A-C5* 的插入方向与载体 D 和载体 F 的不同。

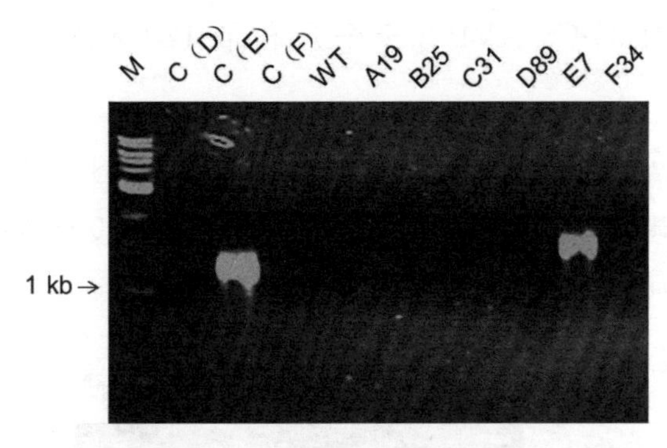

M—分子量标准（DL10000）；C（D）—载体 D 质粒阳性对照；C（E）—载体 E 质粒阳性对照；C（F）—载体 F 质粒阳性对照；WT—野生型阴性对照；A19、B25、C31、D89、E7、F34—6 种载体转基因拟南芥中随机选取的一个植株

图 2.12　转基因拟南芥 *PP2A-C5* 一端的 *Gypsy* 检测结果

选取一端引物在 *Gypsy* 内，和图 2.12 实验的上游引物一样，另一端在 *PP2A-C5* 的另一条链内的上、下游引物进行 PCR。电泳结果显示（图 2.13），带有 *Gypsy* 的 3 种载体的转基因拟南芥 DNA 中，载体 D 和载体 F 分子量在 1.6 kb 处有明显的条带，条带大小与预期大小相符，并与载体 D 质粒和载体 F 质粒的扩增结果相同；野生型没有条带，说明 *Gypsy* 成功插入转基因拟南芥中，同时说明载体 D 和载体 F 中 *PP2A-C5* 的插入方向相同，和载体 E 的不同。

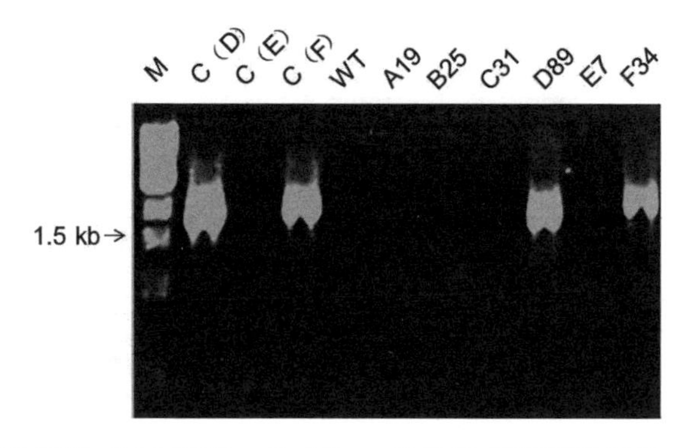

M—分子量标准（DL10000）；C（D）—载体 D 质粒阳性对照；C（E）—载体 E 质粒阳性对照；C（F）—载体 F 质粒阳性对照；WT—野生型阴性对照；A19、B25、C31、D89、E7、F34—6 种载体转基因拟南芥中随机选取的一个植株

图 2.13　转基因拟南芥 *PP2A-C5* 另一端的 *Gypsy* 检测结果

2. *AVP1* 一端的 *Gypsy*

选取一端引物在 *Gypsy* 内，另一端在 *AVP1* 的一条链内的上、下游引物进行 PCR，以确定 *AVP1* 这端是否成功插入 *Gypsy*。电泳结果显示（图 2.14），带有 *Gypsy* 的 3 种载体的转基因拟南芥 DNA 中，只有载体 F 分子量在 1.7 kb 处有明显的条带，条带大小与预期大小相符，并与载体 F 质粒的扩增结果相同；野生型没有条带，说明 *Gypsy* 成功插入转基因拟南芥中，同时说明载体 F 中 *AVP1* 的插入方向与载体 D 和载体 E 的不同。

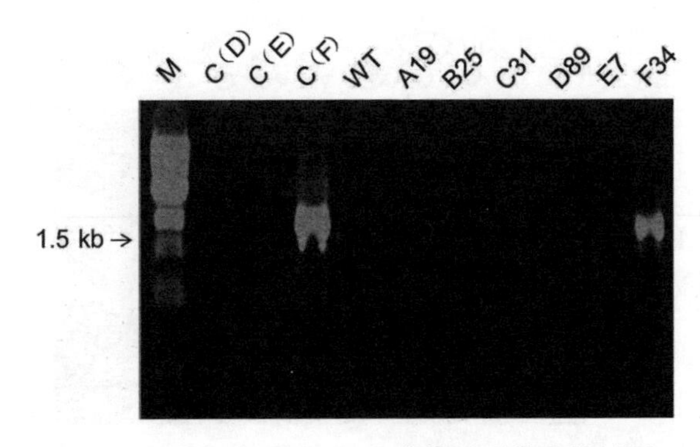

M—分子量标准（DL10000）；C（D）—载体 D 质粒阳性对照；C（E）—载体 E 质粒阳性对照；C（F）—载体 F 质粒阳性对照；WT—野生型阴性对照；A19、B25、C31、D89、E7、F34—6 种载体转基因拟南芥中随机选取的一个植株

图 2.14　转基因拟南芥 *AVP1* 一端的 *Gypsy* 检测结果

选取一端引物在 *Gypsy* 内，和图 2.14 实验的上游引物一样，另一端在 *AVP1* 的另一条链内的上、下游引物进行 PCR。电泳结果显示（图 2.15），带有 *Gypsy* 的 3 种载体的转基因拟南芥 DNA 中，载体 D 和载体 E 的分子量在 900 bp 处有明显的条带，条带大小与预期大小相符，并与载体 D 质粒和载体 E 质粒的扩增结果相同；野生型没有条带，说明 *Gypsy* 成功插入转基因拟南芥中，同时说明载体 D 和载体 E 中 *AVP1* 的插入方向相同，和载体 F 的不同。

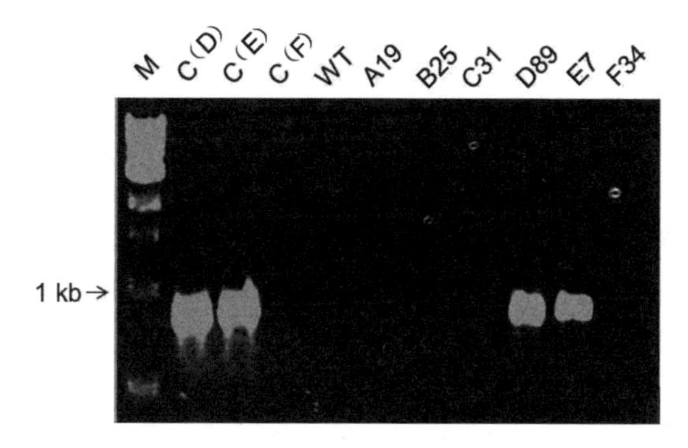

M—分子量标准（DL10000）；C（D）—载体 D 质粒阳性对照；C（E）—载体 E 质粒阳性对照；C（F）—载体 F 质粒阳性对照；WT—野生型阴性对照；A19、B25、C31、D89、E7、F34—6 种载体转基因拟南芥中随机选取的一个植株

图 2.15　转基因拟南芥 *AVP1* 另一端 *Gypsy* 的检测结果

2.4.5　T1 代 *PP2A-C5/AVP1* 共表达转基因拟南芥的表达量分析

2.4.5.1　Northern 印迹杂交与 qPCR 相对定量结果的相互验证

为了验证 qPCR 相对定量结果的准确性，用载体 A 的部分转基因植株做 Northern 印迹杂交，与相同样本的 qPCR 相对定量的结果进行印证。如图 2.16 所示，在 Northern 印迹杂交结果中选取 9 个植株：A3、A4、A6、A10、A12、A17、A18、A19、A22。WT 为野生型阴性对照。每个植株下面的第一条带是 *AVP1* 的表达条带，第二条带是 *PP2A-C5* 的表达条带，第三条带是 *Actin2* 的表达条带。当植株之间 *Actin2* 的表达条带颜色相同时，*PP2A-C5* 和 *AVP1* 的表达条带颜色越深，说明该植株

中的该基因表达量越高。以 qPCR 得到的数据作图 2.17，与 Northern 印迹杂交的结果进行比较后发现，Northern 印迹杂交（图 2.16）中 *AVP1* 条带较亮的 A4、A17、A19，*PP2A-C5* 条带较亮的 A4、A6、A12、A17、A19，在 qPCR 的点状图（图 2.17）结果中所对应的样本点也更远离零点。这说明 Northern 印迹杂交与 qPCR 的结果在明显高表达的植株上是完全对应的，证明 qPCR 可以反映基因表达量提高的真实性。

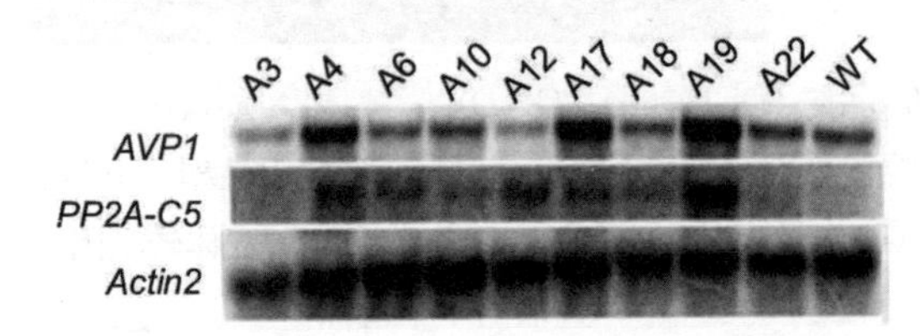

WT—野生型阴性对照；A3、A4、A6、A10、A12、A17、A18、A19、A22—9 个随机选择的 *PP2A-C5*/*AVP1* 共表达转基因植株；*Actin2*—对照

图 2.16　**部分载体** A **样本的** Northern **印迹杂交验证**[64]

注：第一行为 *AVP1* 的 Northern 印迹杂交结果，第二行为 *PP2A-C5* 的 Northern 印迹杂交结果，第三行为 *Actin2* 的 Northern 印迹杂交结果。

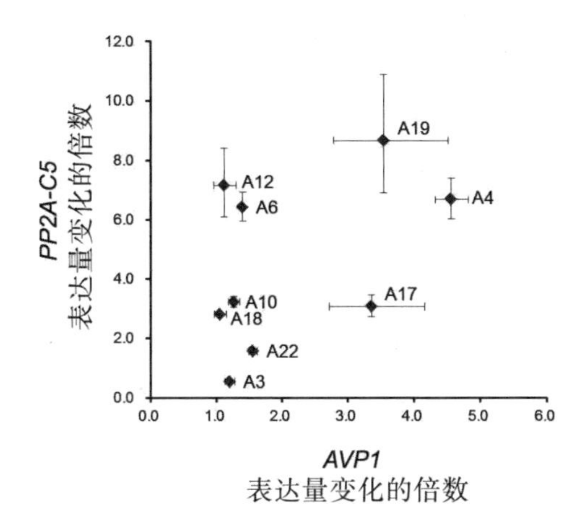

A3、A4、A6、A10、A12、A17、A18、A19、A22—9 个随机选择的 *PP2A-C5*/*AVP1* 共表达转基因植株

图 2.17　**相同载体** A **样本的** qPCR **验证**[64]

注：*Y* 轴表示 *PP2A-C5* 的表达量变化的倍数，*X* 轴表示 *AVP1* 的表达量变化的倍数。每个结果为 3 个重复样本的平均数，误差线为标准偏差。

2.4.5.2　*PP2A-C5* 和 *AVP1* 在 6 种载体转基因拟南芥中的表达

运用软件 SPSS Statistics 22 对含有 6 种载体的转基因拟南芥植株的 *PP2A-C5* 和 *AVP1* 表达量进行分析。采用软件中非参数检验里的单样本 Kolmogorow-Smirnov 检测方法检测每组数据是否符合正态分布，结果显示，6 组数据的 *P* 值都小于 0.05，说明 6 组数据都不符合正态分布。因此采用中位数来评价每组数据的整体大小，以 Wilcoxon rank test 检测方法进一步分析非正态分布下两组数据的显著性差异。

对转基因植株进行单拷贝筛选后，转入载体 A 的 T1 代转基因植株中得到单拷贝转基因植株 100 株。然后提取 RNA，反转录成 cDNA，将 qPCR 测定得到的数据作图。图 2.18 表示转入载体 A 的单拷贝转基因植株 *PP2A-C5* 和 *AVP1*，相对野生型阴性对照（WT）中内源 *PP2A-C5* 和 *AVP1* 表达量的增加倍数。图 2.18 中的一个点即表示一个独立的单拷贝转基因植株，纵坐标为转基因植株中 *PP2A-C5* 的表达量相对野生型阴性对照中 *PP2A-C5* 表达量提高的倍数，横坐标为转基因植株中 *AVP1* 的表达量相对野生型阴性对照中 *AVP1* 表达量提高的倍数。黑色实线为对角线，落在上面的点表示两个基因表达量增加的倍数相同。载体 A 有单拷贝转基因植株 100 株，qPCR 结果显示，100 株中 *PP2A-C5* 表达量增加倍数最高的植株为 13.766 倍，最低的为 0.518 倍，中位数为 3.028 倍；*AVP1* 表达量增加倍数最高的植株为 16.553 倍，最低的为 0.398 倍，中位数为 1.722 倍。

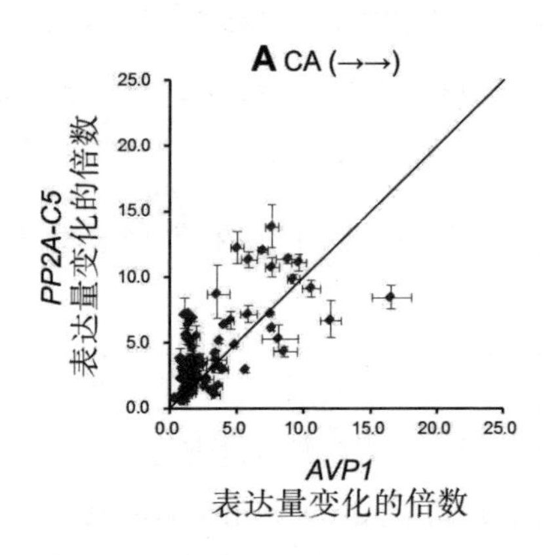

图 2.18　载体 A 转基因植株中目的基因表达量的变化情况[64]

注：图中每个点代表一个独立的 *PP2A-C5*/*AVP1* 共表达转基因植株的 qPCR 结果，*Y* 轴表示 *PP2A-C5* 的表达量相对增加的倍数，*X* 轴表示 *AVP1* 的表达量相对增加的倍数。每个结果为 3 个重复样本的平均数，误差线为标准偏差。

图 2.19 表示转入载体 B 的单拷贝转基因植株 *PP2A-C5* 和

AVP1 的表达量相对增加倍数，载体 B 有单拷贝转基因植株 70 株，qPCR 结果显示，70 株中 *PP2A-C5* 表达量增加倍数最高的植株为 16.011 倍，最低的为 0.540 倍，中位数为 1.888 倍；*AVP1* 表达量增加倍数最高的植株为 16.507 倍，最低的为 0.439 倍，中位数为 2.069 倍。

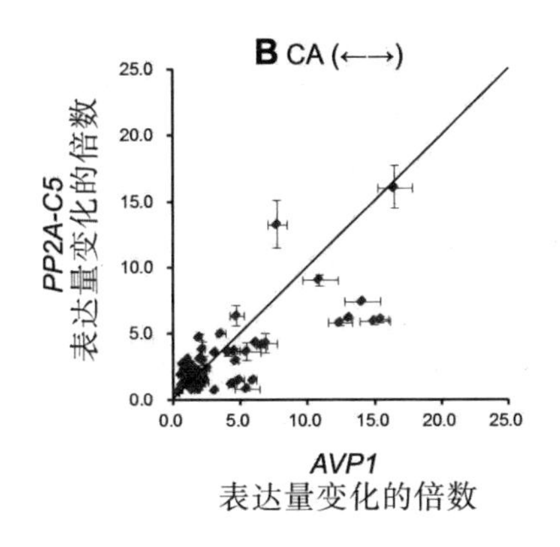

图 2.19　载体 B 转基因植株中目的基因表达量的变化情况[64]

注：图中每个点代表一个独立的 *PP2A-C5*/*AVP1* 共表达转基因植株的 qPCR 结果，*Y* 轴表示 *PP2A-C5* 的表达量相对增加的倍数，*X* 轴表示 *AVP1* 的表达量相对增加的倍数。每个结果为 3 个重复样本的平均数，误差线为标准偏差。

图 2.20 表示转入载体 C 的单拷贝转基因植株 *PP2A-C5* 和 *AVP1* 的表达量相对增加倍数，载体 C 有单拷贝转基因植株 98 株，qPCR 结果显示，98 株中 *PP2A-C5* 表达量增加倍数最高的植株为 18.804 倍，最低的为 0.575 倍，中位数为 2.768 倍；*AVP1* 表达量增加倍数最高的植株为 10.454 倍，最低的为 0.284 倍，中位数为 1.786 倍。

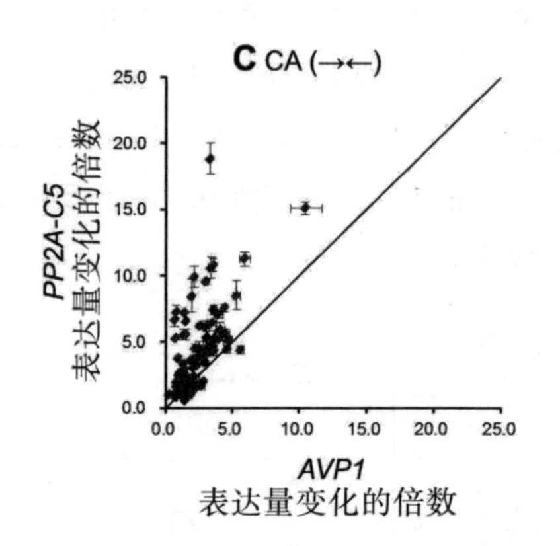

图 2.20　载体 C 转基因植株中目的基因表达量的变化情况[64]

注：图中每个点代表一个独立的 *PP2A-C5*/*AVP1* 共表达转基因植株的 qPCR 结果，*Y* 轴表示 *PP2A-C5* 的表达量相对增加的倍数，*X* 轴表示 *AVP1* 的表达量相对增加的倍数。每个结果为 3 个重复样本的平均数，误差线为标准偏差。

图 2.21 表示转入载体 D 的单拷贝转基因植株 *PP2A-C5* 和 *AVP1* 的表达量相对增加倍数，载体 D 有单拷贝转基因植株 92 株，qPCR 结果显示，92 株中 *PP2A-C5* 表达量增加倍数最高的植株为 22.896 倍，最低的为 0.960 倍，中位数为 4.532 倍；*AVP1* 表达量增加倍数最高的植株为 21.541 倍，最低的为 0.295 倍，中位数为 1.928 倍。

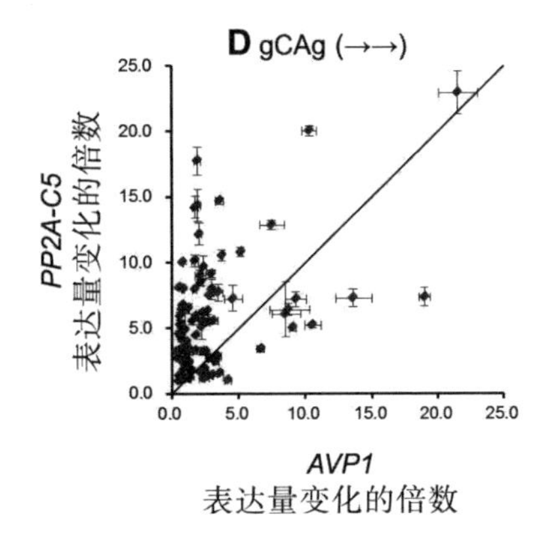

图 2.21　**载体** D **转基因植株中目的基因表达量的变化情况**[64]

注：图中每个点代表一个独立的 *PP2A-C5*/*AVP1* 共表达转基因植株的 qPCR 结果，*Y* 轴表示 *PP2A-C5* 的表达量相对增加的倍数，*X* 轴表示 *AVP1* 的表达量相对增加的倍数。每个结果为 3 个重复样本的平均数，误差线为标准偏差。

图 2.22 表示转入载体 E 的单拷贝转基因植株 *PP2A-C5* 和 *AVP1* 的表达量相对增加倍数，载体 E 有单拷贝转基因植株 99 株，qPCR 结果显示，99 株中 *PP2A-C5* 表达量增加倍数最高的植株为 14.289 倍，最低的为 0.555 倍，中位数为 2.998 倍；*AVP1* 表达量增加倍数最高的植株为 24.218 倍，最低的为 0.764 倍，中位数为 2.269 倍。

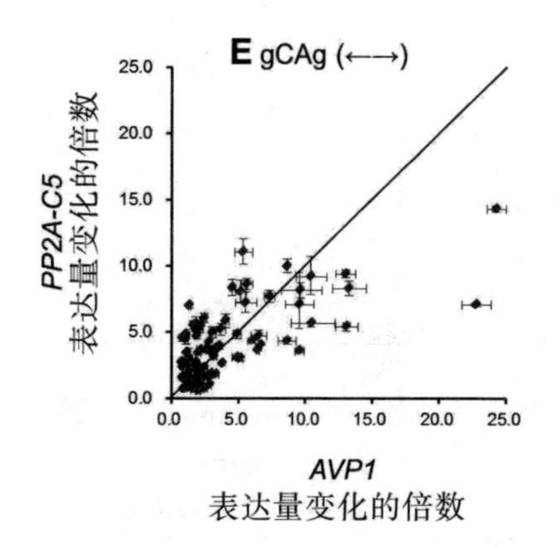

图 2.22　**载体** E **转基因植株中目的基因表达量的变化情况**[64]

注：图中每个点代表一个独立的 *PP2A-C5*/*AVP1* 共表达转基因植株的 qPCR 结果，*Y* 轴表示 *PP2A-C5* 的表达量相对增加的倍数，*X* 轴表示 *AVP1* 的表达量相对增加的倍数。每个结果为 3 个重复样本的平均数，误差线为标准偏差。

图 2.23 表示转入载体 F 的单拷贝转基因植株 *PP2A-C5* 和 *AVP1* 的表达量相对增加倍数，载体 F 有单拷贝转基因植株 88 株，qPCR 结果显示，88 株中 *PP2A-C5* 表达量增加倍数最高的植株为 22.848 倍，最低的为 0.678 倍，中位数为 5.107 倍；*AVP1* 表达量增加倍数最高的植株为 10.498 倍，最低的为 0.431 倍，中位数为 2.020 倍。

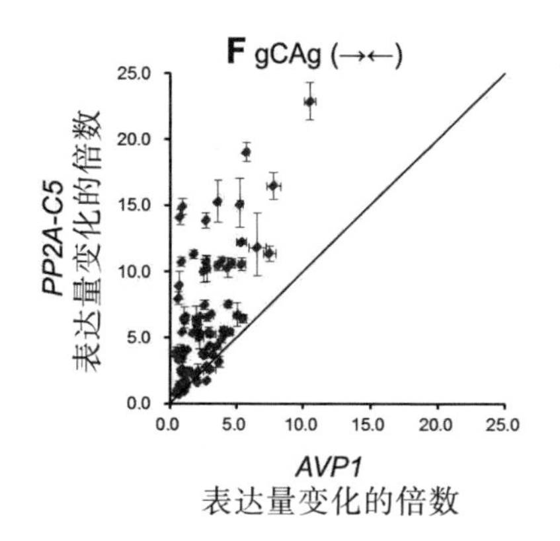

图 2.23 **载体** F **转基因植株中目的基因表达量的变化情况**[64]

注：图中每个点代表一个独立的 *PP2A-C5*/*AVP1* 共表达转基因植株的 qPCR 结果，*Y* 轴表示 *PP2A-C5* 的表达量相对增加的倍数，*X* 轴表示 *AVP1* 的表达量相对增加的倍数。每个结果为 3 个重复样本的平均数，误差线为标准偏差。

2.4.5.3 *Gypsy* 对 *PP2A-C5* 和 *AVP1* 共表达的影响

统计 6 种载体的单拷贝转基因植株的 *PP2A-C5* 和 *AVP1* 表达量增加倍数的中位数，由图 2.24 和图 2.25 可知，载体 A *PP2A-C5* 表达量增加倍数的中位数为 3.028 倍，*AVP1* 表达量增加倍数的中位数为 1.722 倍；载体 B *PP2A-C5* 表达量增加倍数的中位数为 1.888 倍，*AVP1* 表达量增加倍数的中位数为 2.069 倍；载体 C *PP2A-C5* 表达量增加倍数的中位数为 2.768 倍，*AVP1* 表达量增加倍数的中位数为 1.786 倍；载体 D *PP2A-C5* 表达量增加倍数的中位数为 4.532 倍，*AVP1* 表达量增加倍数的中位数为 1.928 倍；载体 E *PP2A-C5* 表达量增加倍数的中位数为 2.998 倍，*AVP1* 表达量增加倍数的中位数为 2.269 倍；载体 F *PP2A-C5* 表达量增加倍数的中位数为 5.107 倍，*AVP1* 表达量增加倍数的中位数为 2.020 倍。载体 D 的

PP2A-C5 表达量增加倍数的中位数比载体 A 提高了 49.67%，*AVP1* 表达量增加倍数的中位数提高了 11.96%。载体 E 的 *PP2A-C5* 表达量增加倍数的中位数比载体 B 提高了 58.79%，*AVP1* 表达量增加倍数的中位数提高了 9.67%。载体 F 的 *PP2A-C5* 表达量增加倍数的中位数比载体 C 提高了 84.50%，*AVP1* 表达量增加倍数的中位数提高了 13.10%。可见，*Gypsy* 在 *PP2A-C5* 和 *AVP1* 三种连接方式下，对两个基因的表达量都有不同程度的提升，对 *PP2A-C5* 的提升更明显。运用 Wilcoxon rank test 对 6 组数据进行显著性差异分析后发现，*PP2A-C5* 的表达量变化在载体 A 和载体 D、载体 B 和载体 E、载体 C 和载体 F 之间 *P* 值全都小于 0.05，表示 *Gypsy* 对 3 种载体结构（→→）（←→）（→←）下的 *PP2A-C5* 的表达量都有显著性提升。*AVP1* 的表达量变化在载体 A 和载体 D、载体 C 和载体 F 之间的 *P* 值小于 0.05，表示 *AVP1* 的表达量在载体 A 和载体 D（→→）之间、载体 C 和载体 F（→←）之间有显著性差异，在载体 B 和载体 E 之间没有显著性差异。

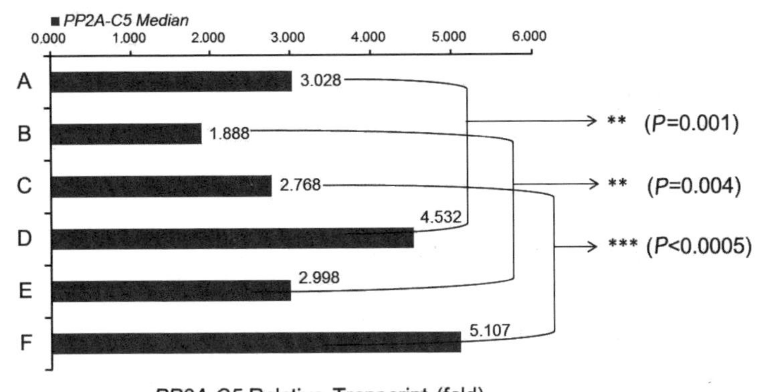

A、B、C、D、E、F—6种载体所有的单拷贝转基因植株

图2.24 *PP2A-C5* 表达量在6种载体转基因植株中增加倍数的中位数[64]

注：X轴表示*PP2A-C5*表达量相对增加的倍数。当$P \leqslant 0.05$时，有显著性差异，用*标记；当$P \leqslant 0.01$时，差异极显著，用**标记；当$P \leqslant 0.001$时，差异显著程度更甚，用***标记。

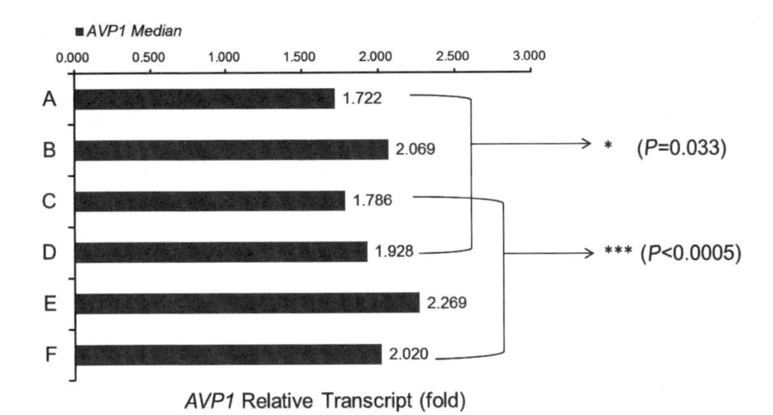

A、B、C、D、E、F—6种载体所有单拷贝植株

图2.25 *AVP1* 表达量在6种载体转基因植物中增加倍数的中位数[64]

注：X轴表示*AVP1*表达量相对增加的倍数。当$P \leqslant 0.05$时，有显著性差异，用*标记；当$P \leqslant 0.01$时，差异极显著，用**标记；当$P \leqslant 0.001$时，差异显著程度更甚，用***标记。

2.5 讨论

2.5.1 绝缘子 *Gypsy* 的作用

Gypsy 在双基因共转化中的作用是本书实验研究的重点。顺式作用元件 *Gypsy* 来自果蝇，作为绝缘子，它在动物中的运用已经较为广泛，在植物中的运用还非常少。有研究显示，*Gypsy* 在拟南芥中能提高基因的表达量，不仅可以提高位于两个 *Gypsy* 序列之间的基因表达量，而且可以提高在两个 *Gypsy* 序列以外的、一定距离以内的基因的表达量[61]。

本书实验使用 qPCR 对双基因共表达单拷贝转基因植株中目的基因的相对表达量进行测定，因表达结果明显不服从正态分布，因此采用中位数法和 Wilcoxon ranktest 检验对结果进行显著性差异分析。比较 3 个未带有 *Gypsy* 的载体 A、载体 B、载体 C 和 3 个带有 *Gypsy* 的载体 D、载体 E、载体 F 的转基因植株中 *PP2A-C5* 和 *AVP1* 的表达量，结果表明，在顺序连接（→→）、头对头（←→）、尾对尾（→←）三种载体结构下，*Gypsy* 对 *PP2A-C5* 的表达均有显著的促进作用，表达量分别提高 49.67%、58.79%、84.50%。*Gypsy* 对 *AVP1* 的表达所起的作用，在载体 D 中的表达量比在载体 A 中有显著性提高（11.96%），在载体 F 中的表达量比在载体 C 中有显著性提高（13.10%），而载体 B 和载体 E 之间没有显著性差异（9.67%）。但是，考虑到 *AVP1* 表达量在载体 D、载体 E、载体 F 中分别比载体 A、载体 B、载体 C 中提高 10%左右，*AVP1* 的表达量在载体 B 和载体 E 中的增加差异可能是由于总体增加量过小而无法被显著性检出。那么，*Gypsy* 对于增加 *PP2A-C5* 和 *AVP1* 表达量上的显著性差异是什么原因造成的呢？在过去的实验中，测试 *Gypsy* 的作用，使用的是报告基因[61]，而报告基因本身在转基因植株中并没有内源性表达。本书实验使用的基因 *PP2A-C5* 和 *AVP1* 在拟南芥中均有内源性表达。AVP1 是一个定位在液泡膜上的质子泵，是功能蛋白，而 PP2A-C5 是蛋白磷酸酶 2A 的催化亚基，属于调节蛋白。qPCR 结果显示，在野生型拟南芥中，*PP2A-C5* 的表达量比 *AVP1* 低 2^2～2^4倍。在 *Gypsy* 的作用下，*PP2A-C5* 之所以能比 *AVP1* 更容易提高表达量，原因可能有两方面：一方面可能是 AVP1 本身属于功能蛋白，对植株生长代谢有重要作用，因此存在较复杂的转录调控机制，使得转入的基因对其基因最终的表达量影响有限，而 PP2A-C5 属于调节蛋白，因需要对细胞外界变化做出迅速反应，使得转入的基因能够较容易地影响其最终的表达量；另一方面，因为 *AVP1* 本底表达量较高，*PP2A-C5* 本底表达量相对较低，于是 *PP2A-C5* 的表达量具有更大的提升空间，较容易得到 *Gypsy* 的增强。此外，就现有资料分析，这两个基因分别处于不同代谢途径的不同位置，也可能在一定程度上导致两个基因过量表达规律的不一致。

过去的研究表明，*PP2A-C5* 和 *AVP1* 单独过量表达可以提高植物的抗逆性[55]。本书实验的目的是研究创建一种可以同时高效表达两个抗逆基因的转基因载体，将两个基因同时转入并提高植物某一方面的抗逆能力。结果表明，*Gypsy* 能使内源性表达更低的调节蛋白基因表达量显著提高，而对内源性表达较高的功能蛋白基因表达量的提高效果没有那么明显。因此在今后的研究中，可以根据需要判断是否在构建转基因载体时引入 *Gypsy* 以达到预期表达量。同时，*Gypsy* 对增强一个载体中两个不同类别的基因表达的平衡性有突出价值，尤其是当转入的两个基因分处不同的代谢途径时，其表达模式不尽相同。*Gypsy* 的合理使用有可能对转基因植物的表型带来超出常规的影响。同时，*Gypsy* 有稳定基因表达的作用[61]，即使其对某些基因的表达量增加作用有限，但也不排除 *Gypsy* 在提高外源基因的稳定遗传方面有潜在作用。

已有研究显示，绝缘子主要有两种功能：一种是增强子阻断功能，一种是异染色质屏蔽功能。绝缘子的功能没有方向性，只和距离有关系[31]。对 *Gypsy* 在果蝇和动物中的研究，都集中在增强子阻断功能方面。鲜有报道称一个绝缘子同时具备增强子阻断和异染色质屏蔽这两种功能。植物中，研究绝缘子的增强子阻断功能，是将绝缘子接在两个基因的中间，测量绝缘子左右两个基因表达量的差异[65]；而接在基因的两端，研究两个绝缘子中间所包含的基因表达量的差异[61]，主要目的是研究其染色质屏蔽功能。本书实验结果表明，在双基因两端加入绝缘子，能显著提高其包含基因的表达量，可以通过屏蔽整合位点区域的异染色质化来实现。

2.5.2 6 种载体转基因拟南芥单拷贝转基因植株比例的差异

农杆菌介导 T-DNA 携带外源基因进行植物转化是植物基因工程常用的方法。外源基因插入植物基因组时如果形成多拷贝，可能引起外源基因的沉默。其原因可能是插入序列形成的多拷贝重复序列之间，以及插入序列与周围序列之间容易形成配对，使整合位点周围的染色质发生异染色质化或使插入序列从开始就发生甲基化，阻碍外源基因和响应的转录因子在空间上的接触，使外源基因的转录受到抑制[8]。此外，有研究人员做过植物中拷贝数和基因表达量关系的研究，结果表明，当三拷贝的 T-DNA 插入基因组时会引起转录后沉默，而单拷贝的 T-DNA 就不会[66]。外源基因的单拷贝在对转基因植物性状改变的稳定性和在转基因遗传中的稳定性方面都有较为突出的优势[67-68]。因此，本书实验选取单拷贝转基因植株作为分析对象，排除拷贝数对外源基因表达量的影响，以探索最有利于外源基因表达的双基因共表达体系。采用农杆菌介导的 T-DNA 转化的方式可大大降低多拷贝的形成，但是不能彻底杜绝多拷贝的产生。有研究表明，多数情况下采用花序浸染的方法，以农杆菌介导 T-DNA 转化拟南芥，单拷贝插入的植株占所有转基因植株的 44%，双拷贝插入的植株占 28%，三拷贝插入的植株占 10%[69]。而比较本书实验的数据，载体 A、载体 C、载体 D、载体 E 和载体 F 的单拷贝转基因植株占 T1 代转基因植株的比例都在 32.0%～41.0%之间，和过去的研究结果一致；而载体 B 单拷贝转基因植株占 T1 代转基因植株的比例仅为 8.5%。为了在后续实验中得到数量和载体 A、载体 C、载体 D、载体 E、载体 F 相当的单拷贝样本，需要花费比其他载体多出 3 倍的工作量去筛选载体 B 的单拷贝样本，由此可见，载体 B 的结构更难形成单拷贝。但是对比载体 E 转基因植株，却没有出现单拷贝转基因植株数量降低的现象。笔者推测，*Gypsy* 的存在可能在稳定单拷贝插入方面有一定的作用，有待实验的进一步证实。

2.6　总结及创新

本书实验利用基因 *PP2A-C5*、*AVP1* 和果蝇顺式作用元件 *Gypsy* 构建了 6 个植物共表达载体，获得了 2180 株 T1 代拟南芥转基因植株。以 qPCR 分析 547 株单拷贝 *PP2A-C5*/*AVP1* 共表达转基因植株中两个目的基因的表达量发现，基因的连接方式可以显著影响其表达量，*Gypsy* 能明显提高相关基因的表达量。*Gypsy* 能显著提升 *PP2A-C5* 的表达量，对 *AVP1* 没有显著影响。由此笔者推测，*Gypsy* 对目的基因内源性表达量更低的基因增加作用更大，对调节基因的表达比对功能基因的表达的提升作用更强。两个目的基因头对头连接方向更有利于两个目的基因表达的平衡。另外，还发现 *Gypsy* 不是造成 T1 代转基因拟南芥发生表型变化的原因。不含 *Gypsy* 和两个基因头对头连接方向的载体组合，单拷贝插入的比例更低。

以往的转基因研究关注提高单个基因的表达量，或同时不可控地提高多个基因的表达量。本书实验通过设计 6 种载体组合，研究了绝缘子 *Gypsy* 及不同的基因连接方向对两类抗逆相关基因表达的影响，侧重于不同程度地控制每一个基因的表达量。传统方法若要筛选某一种两个目的基因共表达模式的植株，需要通过获得大量转基因植株来实现。本书实验巧妙地通过不同载体组合，调节共表达基因的相对表达量，同时使用绝缘子 *Gypsy* 可选择性地增加共转化基因中单个基因的表达量。这一结果对于今后的双基因共表达，尤其是代谢途径的改造（如脂肪酸合成等），能够大大减少筛选目的植株的工作量，具有很好的借鉴意义。

参考文献

[1] 魏志刚，杨传平，姜静. 植物基因工程中存在的问题及对策 [J]. 东北林业大学学报，2001，29 (5)：68－74.

[2] ZHANG C X，GAI Y，WANG W Q，et al. Construction and analysis of a plant transformation binary vector pBDGG harboring a bi-directional promoter fusing dual visible reporter genes [J]. Journal of Genetics and Genomics，2008，35 (4)：245－249.

[3] CHEN W H，MEAUX J D，LERCHER M J. Co-expression of neighbouring genes in Arabidopsis：separating chromatin effects from direct interactions [J]. BMC Genomics，2010，11 (1)：178.

[4] 于新海，李濛，周红昕. 植物非生物胁迫的研究进展 [J]. 农业与技术，2016 (9)：51－53.

[5] DOMíNGUEZ A，GUERRI J，CAMBRA M，et al. Efficient production of transgenic citrus plants expressing the coat protein gene of citrus tristeza virus [J]. Plant Cell Reports，2000，19 (19)：427－433.

[6] TANG J，SCARTH R，FRISTENSKY B. Effects of genomic position and copy number of Acyl-ACP thioesterase transgenes on the level of the target fatty acids in *Brassica napus* L. [J]. Molecular Breeding，2003，12 (1)：71－81.

[7] HOBBS S L A，WARKENTIN T D，DELONG C M O. Transgene copy number can be positively or negatively associated with transgene expression [J]. Plant Molecular Biology，1993，21 (1)：17－26.

[8] ASSAAD F F，TUCKER K L，SIGNER E R. Epigenetic repeat-in-

duced gene silencing (RIGS) in Arabidopsis [J]. Plant Molecular Biology, 1993, 22 (6): 1067-1085.

[9] 王关林，方宏筠. 植物基因工程 [M]. 2 版. 北京：科学出版社，2014.

[10] CHANDLER V L, VAUCHERET H. Gene activation and gene silencing [J]. Plant Physiology, 2001, 125 (1): 145-148.

[11] TINLAND B, SCHOUMACHER F, GLOECKLER V, et al. The *Agrobacterium tumefaciens* virulence D2 protein is responsible for precise integration of T-DNA into the plant genome [J]. EMBO Journal, 1995, 14 (14): 3585-3595.

[12] BRUNAUD V. T-DNA integration into the *Arabidopsis* genome depends on sequences of pre-insertion sites [J]. EMBO Reports, 2002, 3 (12): 1152-1157.

[13] KONCZ C, NéMETH K, RéDEI G P, et al. T-DNA insertional mutagenesis in *Arabidopsis* [J]. Plant Molecular Biology, 1993, 20 (5): 963-976.

[14] ISHIDA Y, SAITO H, OHTA S, et al. High efficiency transformation of maize (*Zea mays* L.) mediated by *Agrobacterium tumefaciens* [J]. Nature Biotechnology, 1996, 14 (6): 745-750.

[15] MEINKE D W, CHERRY J M, DEAN C, et al. *Arabidopsis thaliana*: a model plant for genome analysis [J]. Science, 1998, 282 (5389): 662, 679-682.

[16] 邵寒霜，李继红，郑学勤，等. 拟南芥 LFYcDNA 的克隆及转化菊花的研究 [J]. 植物学报，1999 (3): 268-271.

[17] 张素芝，左建儒. 拟南芥开花时间调控的研究进展 [J]. 生物化学与生物物理进展，2006，33 (4): 9.

[18] ZUPAN J R, ZAMBRYSKI P. Transfer of T-DNA from *Agrobacterium* to the plant cell [J]. Plant Physiology, 1995, 107 (4): 1041-1047.

[19] BAKKEREN G, KOUKOLIKOVá-NICOLA Z, GRIMSLEY N, et

al. Recovery of *Agrobacterium tumefaciens* T-DNA molecules from whole plants early after transfer [J]. Cell, 1989, 57 (57): 847—857.

[20] FURNER I J, HIGGINS E S, BERRINGTON A W. Single-stranded DNA transforms plant protoplasts [J]. MGG-Molecular and General Genetics, 1989, 220 (1): 65—68.

[21] HERRERAESTRELLA A, MONTAGU M V, WANG K. A bacterial peptide acting as a plant nuclear targeting signal: the amino-terminal portion of *Agrobacterium* VirD2 protein directs a β-galactosidase fusion protein into tobacco nuclei [J]. Proceedings of the National Academy of Sciences of the United States of America, 1990, 87 (24): 9534—9537.

[22] PANSEGRAU W, LANKA E. Site-specific cleavage and joining of single-stranded DNA by VirD2 protein of *Agrobacterium tumefaciens* Ti plasmids: analogy to bacterial conjugation [J]. Proceedings of the National Academy of Sciences, 1993, 90 (24): 11538—11542.

[23] SATHISHKUMAR R, KUMAR S R, HEMA J, et al. Advances in plant transgenics: methods and applications [M] //Advances in plant transgenics: methods and applications, 2019.

[24] NAQVI S, FARRé G, SANAHUJA G, et al. When more is better: multigene engineering in plants [J]. Trends in Plant Science, 2010, 15 (1): 48—56.

[25] CASAMAYOR A, PéREZ-CALLEJóN E, PUJOL G, et al. Molecular characterization of a fourth isoform of the catalytic subunit of protein phosphatase 2A from *Arabidopsis thaliana* [J]. Plant Molecular Biology, 1994, 26 (1): 523—528.

[26] 邓小梅，赵先海，袁金英，等. 植物多基因转化方法研究进展 [J]. 林业科技开发，2014，28 (2)：7—12.

[27] 王海，张倩，方向东. 绝缘子调控基因的表达 [J]. 中国生物化学与分子生物学报，2011 (6)：493—498.

[28] RIETHOVEN J J M. Regulatory regions in DNA：promoters，enhancers，silencers，and insulators [J]. Methods in Molecular Biology，2010，674：33－42.

[29] PHILLIPS-CREMINS J，CORCES V. Chromatin insulators：linking genome organization to cellular function [J]. Molecular Cell，2013，50 (4)：461－474.

[30] SINGER S D，LIU Z，COX K D. Minimizing the unpredictability of transgene expression in plants：the role of genetic insulators [J]. Plant Cell Reports，2012，31 (1)：13－25.

[31] VALENZUELA L，KAMAKAKA R T. Chromatin insulators [J]. Annual Review of Genetics，2006，40 (1)：107－138.

[32] LUNYAK V V. Boundaries. Boundaries…Boundaries??? [J]. Current Opinion in Cell Biology，2008，20 (3)：281－287.

[33] GURUDATTA B V，CORCES V G. Chromatin insulators：lessons from the fly [J]. Briefings in Functional Genomics & Proteomics，2009，8 (4)：276－282.

[34] GERASIMOVA T I，LEI E P，BUSHEY A M，et al. Coordinated control of dCTCF and gypsy chromatin insulators in drosophila [J]. Molecular Cell，2007，28 (5)：761－772.

[35] LETOURNEUX C，ROCHER G，PORTEU F. B56-containing PP2A dephosphorylate ERK and their activity is controlled by the early gene IEX-1 and ERK [J]. EMBO Journal，2006，25 (4)：727－738.

[36] SCHILD A，SCHMIDT K，LIM Y A，et al. Altered levels of PP2A regulatory B/PR55 isoforms indicate role in neuronal differentiation [J]. International Journal of Developmental Neuroscience the Official Journal of the International Society for Developmental Neuroscience，2006，24 (7)：437－443.

[37] ADAMS D G，COFFEE R L，ZHANG H，et al. Positive regulation of Raf1-MEK1/2-ERK1/2 signaling by protein serine/threonine phosphatase 2A holoenzymes [J]. Journal of Biological Chemistry，2005，

280 (52): 42644—42654.

[38] JANSSENS V, GORIS J. Protein phosphatase 2A: a highly regulated family of serine/threonine phosphatases implicated in cell growth and signaling [J]. Biochemical Journal, 2001, 353 (3): 417—439.

[39] MARIA H-H, LONE B, PIOTR S, et al. Control of macroautophagy by calcium, calmodulin-dependent kinase kinase-β, and Bcl-2 [J]. Molecular Cell, 2007, 25 (2): 193—205.

[40] BALLESTEROS I, DOMíNGUEZ T, SAUER M, et al. Specialized functions of the PP2A subfamily Ⅱ catalytic subunits PP2A-C3 and PP2A-C4 in the distribution of auxin fluxes and development in *Arabidopsis* [J]. Plant Journal, 2013, 73 (5): 862—872.

[41] TANG W, YUAN M, WANG R, et al. PP2A activates brassinosteroid-responsive gene expression and plant growth by dephosphorylating BZR1 [J]. Nature Cell Biology, 2011, 13 (2): 124—131.

[42] MICHNIEWICZ M, ZAGO M K, ABAS L, et al. Antagonistic regulation of PIN phosphorylation by PP2A and PINOID directs auxin flux [J]. Cell, 2007, 130 (6): 1044—1056.

[43] CHáVEZ-AVILéS M N, ANDRADE-PéREZ C L, CRUZ H R D L. PP2A mediates lateral root development under NaCl-induced osmotic stress throughout auxin redistribution in *Arabidopsis thaliana* [J]. Plant & Soil, 2013, 368 (1—2): 591—602.

[44] XU C, JING R, MAO X, et al. A wheat (*Triticum aestivum*) protein phosphatase 2A catalytic subunit gene provides enhanced drought tolerance in tobacco [J]. Annals of Botany, 2007, 99 (3): 439—450.

[45] FARKAS I, DOMBRáDI V, MISKEI M, et al. Arabidopsis PPP family of serine/threonine phosphatases [J]. Trends in Plant Science, 2007, 12 (4): 169—176.

[46] SHI Y. Serine/threonine phosphatases: mechanism through structure [J]. Cell, 2009, 139 (3): 468—484.

[47] SLUPE A M, MERRILL R A, STRACK S. Determinants for substrate specificity of protein phosphatase 2A [J]. Enzyme Research, 2011: 398751.

[48] PANDEY S, MAHATO P K, BHATTACHARYYA S. Metabotropic glutamate receptor 1 recycles to the cell surface in protein phosphatase 2A-dependent manner in non-neuronal and neuronal cell lines [J]. Journal of Neurochemistry, 2014, 131 (5): 602—614.

[49] UHRIG R G, LABANDERA A M, MOORHEAD G B. Arabidopsis PPP family of serine/threonine protein phosphatases: many targets but few engines [J]. Trends in Plant Science, 2013, 18 (9): 505—513.

[50] HARRIS D M, MYRICK T L, RUNDLE S J. The Arabidopsis homolog of yeast TAP 42 and mammalian alpha 4 binds to the catalytic subunit of protein phosphatase 2A and is induced by chilling [J]. Plant Physiology, 1999, 121 (2): 609—618.

[51] HU R, ZHU Y, SHEN G, et al. TAP46 plays a positive role in the ABSCISIC ACID INSENSITIVE 5-regulated gene expression in Arabidopsis [J]. Plant Physiology, 2014, 164 (2): 721—734.

[52] LIU D, LI A, MAO X, et al. Cloning and characterization of TaPP2AbB" -α, a member of the PP2A regulatory subunit in wheat [J]. PLos One, 2014, 9 (4): e94430.

[53] SARAFIAN V, REA P A. Molecular cloning and sequence of cDNA encoding the pyrophosphate-energized vacuolar membrane proton pump of *Arabidopsis thaliana* [J]. Proceedings of the National Academy of Sciences, 1992, 89 (5): 1775—1779.

[54] GAXIOLA R A, RAO R, SHERMAN A, et al. The *Arabidopsis thaliana* proton transporters, AtNhx1 and AVP1, can function in cation detoxification in yeast [J]. Proceedings of the National Academy of Sciences of the United States of America, 1999, 96 (4): 1480—1485.

[55] GAXIOLA R A, LI J S, UNDURRAGA S, et al. Drought- and salt-

tolerant plants result from overexpression of the AVP1 H^{+-} pump [J]. Proceedings of the National Academy of Sciences of the United States of America, 2001, 98 (20): 11444-11449.

[56] BLUMWALD E. Sodium transport and salt tolerance in plants [J]. Current Opinion in Cell Biology, 2000, 12 (12): 431-434.

[57] ZHU J K. Plant salt tolerance [J]. Trends in Plant Science, 2001, 6 (2): 66-71.

[58] YANG T, POOVAIAH B W. Hydrogen peroxide homeostasis: activation of plant catalase by calcium/calmodulin [J]. Proceedings of the National Academy of Sciences, 2002, 99 (6): 4097-4102.

[59] LI J S, YANG H B, PEER W A, et al. Arabidopsis H^{+-} PPase AVP1 regulates auxin-mediated organ development [J]. Science, 2005, 310 (5745): 121-125.

[60] PARK S, LI J, PITTMAN J K, et al. Up-regulation of a H^{+-} pyrophosphatase (H^{+-} PPase) as a strategy to engineer drought-resistant crop plants [J]. Proceedings of the National Academy of Sciences, 2006, 102 (52): 18830-18835.

[61] SHE W J, LIN W Q, ZHU Y B, et al. The gypsy insulator of *Drosophila melanogaster*, together with its binding protein suppressor of Hairy-wing, facilitate high and precise expression of transgenes in *Arabidopsis thaliana* [J]. Genetics, 2010, 185 (4): 1141-1150.

[62] TOPFER R, MATZEIT V, GRONENBORN B, et al. A set of plant expression vectors for transcriptional and translational fusions [J]. Nucleic Acids Research, 1987, 15 (14): 5890.

[63] CLOUGH S J, BENT A F. Floral dip: a simplified method for *Agrobacterium*-mediated transformation of *Arabidopsis thaliana* [J]. Plant Journal for Cell & Molecular Biology, 1998, 16 (6): 735-743.

[64] JIANG W, SUN L, YANG X, et al. The effects of transcription directions of transgenes and the gypsy insulators on the transcript levels

of transgenes in transgenic *Arabidopsis* [J]. Scientific Reports, 2017, 7 (1): 14757.

[65] SINGER S D, COX K D. A gypsy-like sequence from *Arabidopsis thaliana* exhibits enhancer-blocking activity in transgenic plants [J]. Journal of Plant Biochemistry and Biotechnology, 2012, 22 (1): 35−42.

[66] TANG W, NEWTON R J, WEIDNER D A. Genetic transformation and gene silencing mediated by multiple copies of a transgene in eastern white pine [J]. Journal of Experimental Botany, 2007, 58 (3): 545−554.

[67] OMAR A A, DEKKERS M G H. Estimation of transgene copy number in transformed citrus plants by quantitative multiplex real-time PCR [J]. Biotechnology Progress, 2008, 24 (6): 1241−1248.

[68] 石建斌，杨永智，王舰. 马铃薯 T-DNA 插入拷贝数的检测及对农艺性状的影响研究 [J]. 中国农业大学学报，2015，20 (6)：68−75.

[69] AKAMA K, SHIRAISHI H, OHTA S, et al. Efficient transformation of *Arabidopsis thaliana*: comparison of the efficiencies with various organs, plant ecotypes and Agrobacterium strains [J]. Plant Cell Reports, 1992, 12 (1): 7−11.

后 记

首先，对在本书的撰写过程中帮助和关心我的所有老师、同学、朋友表示深深的感谢。

其次，在四川大学学习和工作期间，感谢学校对我基础知识方面的培养，并提供到国外进行联合培养的机会，让我的专业技能和专业素养得到很大的提升。特别感谢培养过我的老师们，你们对我专业方面的指导，为我的写作指明方向，并提供宝贵的修改意见。感谢我学习期间的同学，在我留学的二十个月里，你们协助我办理学习期间的各项手续。

再次，在美国德州理工大学联合培养期间，导师们给了我悉心指导和热心帮助，让我接触到不一样的教育方式和理念，这对我未来的工作和生活都非常有益。

最后，要感谢我的家人对我事业的支持。

姜维嘉

2022 年 9 月